Munirah Saleh Alkharji

Previsão de AVC utilizando algoritmos de aprendizagem automática

Munirah Saleh Alkharji

Previsão de AVC utilizando algoritmos de aprendizagem automática

Inteligência Artificial (IA)

Imprint

Any brand names and product names mentioned in this book are subject to trademark, brand or patent protection and are trademarks or registered trademarks of their respective holders. The use of brand names, product names, common names, trade names, product descriptions etc. even without a particular marking in this work is in no way to be construed to mean that such names may be regarded as unrestricted in respect of trademark and brand protection legislation and could thus be used by anyone.

Cover image: www.ingimage.com

This book is a translation from the original published under ISBN 978-613-9-96193-1.

Publisher:
Sciencia Scripts
is a trademark of
Dodo Books Indian Ocean Ltd. and OmniScriptum S.R.L publishing group

120 High Road, East Finchley, London, N2 9ED, United Kingdom
Str. Armeneasca 28/1, office 1, Chisinau MD-2012, Republic of Moldova, Europe
Printed at: see last page
ISBN: 978-620-8-23795-0

Agradecimentos

Antes de mais, gostaria de agradecer aos meus pais:

Saleh Alkharji e Hessah Alkharji.

Não há palavras suficientes para descrever o quanto estou grato a ambos. Obrigada por estarem sempre presentes para mim. Obrigada por me terem dado a vida que todas as crianças merecem e por serem pais tão maravilhosos. Sem vocês os dois, não sei onde estaria. Amo-vos a ambos mais do que tudo.

Por fim, a última pessoa a quem tenho de agradecer é **Munirah Alkharji**.

Agradeço a mim próprio. Acredito em mim e estou muito orgulhosa daquilo em que me tornei. Esgotei todos os meus esforços para controlar o tempo e equilibrar a vida profissional e pessoal. Foi um desafio longo e difícil, mas estou feliz por estar aqui. Graças a mim próprio.

Com os melhores cumprimentos, Sra. Munirah Alkharji

Índice

Listas de abreviaturas

NIHSS: Escala de AVC do Instituto Nacional de Saúde. TC: Tomografia Computorizada.

SSI: Índice de Gravidade do Acidente Vascular Cerebral.

ASTRAL: Acute Stroke Registry and Analysis of Lausanne (Registo e Análise do Acidente Vascular Cerebral Agudo de Lausanne). RUS: Random Undersampling Technique (técnica de subamostragem aleatória).

ROS: Técnica de sobreamostragem aleatória.

SMOTE: Técnica de sobreamostragem sintética de minorias. ADASYN: Técnica de amostragem sintética adaptativa.

SMOTETomek: SMOTE e a técnica de ligações Tomek.

SMOTEENN: SMOTE e técnica do vizinho mais próximo editado. ENN: Edited Nearest Neighbour (vizinho mais próximo editado).

NB: Naive Bayes.

BNB: Bernoulli Naive Bayes.

MNB: Multinomial Naive Bayes.

CNB: Complemento Naive Bayes.

GNB: Gaussian Naive Bayes.

ANN: Rede Neural   Artificial.

KNN: K-Nearest Neighbor.

MLP: Perceptron   de múltiplas camadas.

MLPNN: Redes Neuronais Perceptron Multilayer. LR: Regressão logística.

PLR: Regressão logística   penalizada.

SVM: Máquina de Vetor de Suporte.

SGB: Stochastic Gradient Boosting.

TP: Verdadeiro Positivo.

FN: Falso Negativo.

TN: Verdadeiro negativo.

FP: Falso positivo.

ROC: Curva Caraterística de Funcionamento do Recetor

RUC: Área sob a curva.

TPR: Taxa de Verdadeiros Positivos.

FPR: Taxa de falsos positivos.

TNR: Taxa de Verdadeiros Negativos.

IMC: Índice de Massa   Corporal.

Resumo

Título: Previsão do AVC utilizando técnicas de dados desequilibrados com algoritmos de classificação.

Autor: Munirah Alkharji

No mundo da medicina, o AVC é uma das doenças mais importantes que ameaçam a vida humana no mundo. As causas de morte mais comuns no mundo são o AVC, as doenças cardíacas e o cancro. Felizmente, o AVC pode ser evitado se os doentes de alto risco forem identificados antes da ocorrência de um AVC. O diagnóstico médico para a previsão do AVC é um processo complexo. No entanto, os algoritmos de aprendizagem automática podem ser utilizados para facilitar a previsão do AVC nas fases iniciais. Este estudo visa criar modelos de classificação do AVC utilizando um conjunto de dados altamente desequilibrado de registos médicos electrónicos. As caraterísticas identificadas para a previsão do AVC são a idade, a hipertensão, o tabagismo, a doença cardíaca, o casamento, o tipo de trabalho, o tipo de residência, o IMC e a glicose média. O desempenho dos algoritmos de classificação depende de um conjunto de dados equilibrado, pelo que este estudo tem por objetivo implementar técnicas de dados desequilibrados como a subamostragem, a sobreamostragem e técnicas híbridas para melhorar o desempenho dos modelos de classificação. São utilizadas várias técnicas de dados desequilibrados com vários classificadores; Gaussian Naive Bayes (GNB), Multilayer Perceptron (MLP), Regressão Logística (LR) e Máquinas de Vectores de Suporte (SVM), bem como um classificador de votação em conjunto que combina estes classificadores. Os desempenhos dos algoritmos de classificação são avaliados através da sensibilidade, precisão, pontuação F1, exatidão equilibrada e AUC. O desempenho do conjunto de dados desequilibrado original melhorou quando se utilizaram técnicas de dados desequilibrados. Os resultados indicam que o classificador MLP com a técnica híbrida SMOTEENN registou o melhor desempenho na medida de sensibilidade, superando assim os outros classificadores com sensibilidade (92,57%), precisão (84,84%), F1-score (88,54%), exatidão equilibrada (86,28%) e AUC (86%). Verifica-se que os classificadores realizados com as técnicas de dados desequilibrados melhoraram o desempenho do conjunto de dados desequilibrados original. Consequentemente, este estudo superou os estudos anteriores no domínio da previsão do AVC que não utilizaram as técnicas de dados desequilibrados nos seus estudos.

مستخلص البحث

.

عنوان البحث: **التنبؤ** بالجلطة الدماغية بأستخدام تقنيات البيانات غير المتوازنة مع نماذج التصنيف

التعلم الآلي**.**

المؤلف: منيرة الخرجي

في عالم الطب ، تعتبر السكتة الدماغية من أبرز الأمراض التي تهدد حياة الإنسان في **العالم** .أكثرأسباب الوفاة شيوعًط في

العالم هي السكتة الدماغية وأمراض القلب **والسرطان** .يمكنالوقاية من السكتة الدماغية أو تقليل الوفيات إذا تم تحديد المريض المعرض لخطر كبير في وقت **مبكر** .يعدالتشخيص الطبي للتنبؤ بالسكتة الدماغية عملية **معقدة** .ومع ذلك يمكن استخدام خوارزميات التعلم الآلي لتسهيل التنبؤ بالسكتة الدماغية في المراحل **المبكرة** .تهدفهذه الدراسة إلى بناء نماذج تصنيف السكتة الدماغية باستخدام مجموعة بيانات غير متوازنة للغاية من السجلات الطبية **الإلكترونية** .تم تحديد السمات للتنبؤ بالسكتة الدماغية وهي العمر وارتفاع ضغط الدم وحالة التدخين وأمراض القلب والزواج ونوع العمل ونوع الإقامة ومؤشر كتلة الجسم ومتوسط مستوى **الجلوكوز** .تعتمدكفاءة نماذج التصنيف على مجموعة بيانات متوازنة ، لذلك يهدف العمل المقترح إلى تطبيق تقنيات بيانات غير متوازنة فعالة مثل الاختزال الجزئي للعينات ، والافراط في أخذ العينات

والتقنيات الهجينة لتحسين أداء نماذج **التصنيف** .يتماستخدام تقنيات البيانات غير المتوازنة المختلفة مع المصنفات المختلفة ؛ وهي جاوس ساذج **(GNB)**بايز ، المتعددة الطبقات **(MLP)**،الانحدار اللوجستي **(LR)**وآلات متجه الدعم **(SVM)**)، بالإضافة إلى مصنف مجموعة التصنيف الذي يجمع بين المصنفات **الأربعة** .يتمتقييم أداء نماذج التصنيف باستخدام مقاييس الحساسية والدقة والدقة المتوازنة وقياس F1والمساحة تحت المنحنى **(AUC)**.تم تحسين أداء مجموعة البيانات غير المتوازنة للغاية

عند استخدام تقنيات البيانات غير **المتوازنة** .تشيرالنتائج إلى أن خوارزمية التصنيف **(MLP)**مع تقنية SMOTEENN الهجينة سجل أعلى أداء في مقياس الحساسية ، وبالتالي تفوق المصنفات الأخرى مع الحساسية) 92.57 ٪(، الدقة وتبين أن المصنفات التي تم إجراؤها .٪) UC (86 ,A)٪ دقة متوازنة) 86.28 ، %F1)٪ 84 (84. ، درجة 88.54) باستخدام تقنيات البيانات غير المتوازنة حسنت أداء مجموعة البيانات الأصلية غير المتوازنة. ونتيجة لذلك ، تفوقت هذه

الدراسة على الدراسات السابقة في مجال التنبؤ بالسكتة الدماغية التي لم تستخدم تقنيات البيانات غير المتوازنة في دراسافي مقياس الحساسية ، وبالتالي تفوق المصنفات الأخرى مع الحساسية 92.57))٪ ، الدقة

Capítulo 1: Introdução

1.1   Introdução

No mundo da medicina, o AVC é uma das doenças mais proeminentes que ameaçam a vida humana no mundo. As causas de morte mais comuns no mundo são o AVC, as doenças cardíacas e o cancro [1]. O AVC é uma condição em que o sangue não consegue fluir no cérebro, podendo causar danos cerebrais, perda de memória ou mesmo a morte [2]. Trata-se de uma doença grave que ameaça a vida humana.

Felizmente, o AVC pode ser prevenido e a mortalidade reduzida se os doentes de alto risco forem identificados antes da ocorrência de um AVC. Além disso, existem abordagens para prevenir o AVC, a mais importante das quais é o conhecimento dos factores de risco do AVC e do seu impacto [3]. Os idosos são mais susceptíveis de sofrer um AVC do que as crianças ou os jovens adultos [4]. Além disso, a diabetes é um fator de risco independente aceite para o AVC [5]. A prevalência da diabetes em doentes com AVC varia entre 10% e 20%, e tem aumentado nos últimos vinte anos, possivelmente em resposta às elevadas taxas de obesidade na população em geral [6],[7].

O diagnóstico médico e a previsão de resultados de doenças são processos complexos, mas os algoritmos de aprendizagem automática podem ser utilizados para facilitar a previsão de doenças nas fases iniciais. O principal objetivo da aprendizagem automática é tomar decisões importantes com base nos resultados. Os algoritmos de aprendizagem automática podem utilizar o conjunto de dados médicos para diagnosticar a classe-alvo para cada parte do conjunto de dados. Além disso, as técnicas de aprendizagem automática estão a ser cada vez mais utilizadas no domínio da medicina devido ao seu elevado desempenho e precisão [8].

A deteção do AVC nas primeiras horas aumenta as hipóteses de prevenir complicações, melhorando os cuidados de saúde e a gestão dos doentes. Além disso, os medicamentos utilizados no tratamento do AVC só terão um efeito significativo se forem administrados nas primeiras três horas após o AVC. Os algoritmos de aprendizagem automática ajudam a prever um AVC antes de este ocorrer. Assim, em muitos casos, são úteis para a prevenção, o tratamento ou a informação de decisões médicas [9].

Os objectivos deste estudo para a comunidade médica e para os doentes são reduzir o efeito do AVC no doente, melhorar a saúde humana quando os factores de risco mais importantes para o AVC são evitados, reduzir o orçamento dos cuidados de saúde quando o número de doentes com AVC nos hospitais diminui e demonstrar a vantagem dos registos médicos electrónicos na previsão do risco de AVC. Todos estes objectivos serão alcançados através da previsão do AVC utilizando algoritmos de aprendizagem automática. Esta investigação visa prever o AVC em doentes com factores de risco mais elevados, utilizando técnicas de dados desequilibrados com algoritmos de classificação.

1.2　Declaração do problema

O acidente vascular cerebral (AVC) é uma doença fatal em todo o mundo, e a sua prevenção precoce pode ajudar a reduzir o número de mortes. Assim, o AVC pode ser evitado e a mortalidade reduzida se os factores de risco mais elevados de AVC forem identificados antes da ocorrência de um AVC. O estudo proposto abordou o seguinte problema: como diagnosticar os doentes como tendo ou não tido um AVC através de algoritmos de aprendizagem automática para construir um classificador binário.

1.3　Questões de investigação

- Quais são as técnicas eficazes que podem equilibrar o conjunto de dados altamente desequilibrado?
- Quais são os algoritmos de aprendizagem automática eficazes que podem classificar os doentes em risco de AVC?
- Qual é o efeito das técnicas de dados desequilibrados no desempenho dos algoritmos de classificação?

1.4　Finalidade e objectivos da investigação

1.4.1 Objetivo

Esta investigação tem como objetivo prever o acidente vascular cerebral em doentes com factores de risco mais elevados de acidente vascular cerebral utilizando técnicas de dados desequilibrados com algoritmos de classificação.

1.4.2 Objectivos

- Propor uma técnica de pré-processamento eficaz para lidar com o conjunto de dados desequilibrado, a fim de melhorar o desempenho do conjunto de dados altamente desequilibrado.

- Comparar os resultados do conjunto de dados original desequilibrado e equilibrado. Assim, encontrar o melhor desempenho das técnicas de dados desequilibrados.

- Construir uma classificação binária utilizando algoritmos de aprendizagem automática para a previsão de doentes com AVC.

1.5 Visão geral do trabalho proposto

No presente estudo, os capítulos estão organizados da seguinte forma:

- Capítulo 1: o presente capítulo apresenta sucintamente o tema, os problemas, as questões de investigação e os objectivos do estudo proposto.

- Capítulo 2: discute estudos anteriores no domínio dos factores de risco do AVC, técnicas de dados desequilibrados e algoritmos de classificação no contexto da previsão do AVC.

- Capítulo 3: discute as metodologias utilizadas neste estudo para lidar com dados desequilibrados, os algoritmos de classificação e a avaliação utilizada.

- Capítulo 4: discute a seleção e a descrição dos dados, a análise e os métodos de pré-processamento.

- Capítulo 5: discute os pormenores da implementação e avalia os resultados comparando-os para encontrar o melhor desempenho do desequilíbrio e do equilíbrio com os algoritmos de classificação.

- Capítulo 6: conclusão do estudo atual e determinação do trabalho futuro.

Capítulo 2: Revisão da literatura

2.1 Introdução

O capítulo de revisão da literatura aborda os antecedentes da investigação sobre o AVC e discute a investigação anterior sobre o conjunto de dados dos registos de saúde electrónicos e os factores de risco do AVC, as técnicas de dados desequilibrados e os métodos de classificação utilizando algoritmos de aprendizagem automática e matrizes de avaliação. Os objectivos são compreender as tecnologias, os desafios e as limitações. As secções deste capítulo estão organizadas da seguinte forma:

- O contexto do traço (secção 2.2).
- Estudos recentes sobre os factores de risco de AVC (secção 2.3).
- Técnicas de dados de desequilíbrio (secção 2.4).
- Estudos recentes sobre métodos de classificação para prever o risco de AVC (secção 2.5).

2.2 Antecedentes

De acordo com a norma da Organização Mundial de Saúde, os eventos de AVC são definidos como "sinais de desenvolvimento rápido de perturbação focal da função cerebral com uma duração superior a 24 horas (exceto se forem interrompidos por cirurgia ou morte) sem qualquer causa não vascular aparente" [10]. Tal como demonstrado por Kim [11], o AVC é a segunda principal causa de morte em todo o mundo e a primeira principal causa de incapacidade em adultos, com 16,9 milhões de pessoas afectadas. Feigin et al. [12] afirmaram que a mortalidade por AVC é de aproximadamente 10% a 12% nos países ocidentais, e 12% dessas mortes ocorrem em pessoas com mais de 65 anos de idade.

Conforme demonstrado por Mozaffarian [13], o AVC tem um grande impacto na saúde pública e nas economias dos países, o que levou à criação de várias associações de AVC com o objetivo de melhorar a qualidade de vida através da educação para a saúde pública, da modificação do estilo de vida e de orientações de tratamento baseadas em provas. Isto leva à realização de muitos estudos, que se centram em materiais educativos e na procura de medidas preventivas para o AVC.

2.3   Factores de risco para o AVC

O principal objetivo de vários estudos recentes [14], [15], [16], [17], [18], [19] tem sido a identificação de factores de alto risco de desenvolvimento de AVC. Há um estudo realizado em Taiwan, tal como demonstrado por Lian-Yu et al. [14], que refere que o fator de risco significativo para o desenvolvimento de AVC são os doentes com mais de 65 anos de idade, com hipertensão e diabetes mellitus, enquanto o sexo e os eventos isquémicos cerebrais não são factores importantes. Romero et al. [16], em estudo realizado nos Estados Unidos, revelaram que os principais factores de risco são a hiperlipidemia, a hipertensão, a diabetes mellitus, o tabagismo, a insuficiência cardíaca congestiva e a obesidade. Além disso, um estudo realizado nos Centros de Controlo e Prevenção de Doenças indicou as causas de morte nas mulheres. Foi demonstrado que o AVC é uma doença que afecta toda a população, mas as mulheres têm um risco maior em comparação com os homens. Uma vez que o risco de AVC aumenta com a idade e com uma esperança de vida mais longa, as mulheres sofrem mais AVC e mais mortes por AVC ao longo da vida [17]. Tracy et al. [18] realizaram um estudo que indicou o impacto dos factores de risco tradicionais de AVC nas mulheres. O objetivo deste artigo é resumir as provas recentes sobre os factores de risco de AVC nas mulheres e identificar potenciais diferenças entre os sexos nestes factores de risco, incluindo hipertensão, dislipidemia, fibrilhação auricular, diabetes mellitus, deficiência cognitiva e enxaqueca. No entanto, este estudo não concorda com o estudo anterior [14], que evidenciou que o sexo é um fator ineficaz no AVC.

Além disso, há um estudo realizado na Índia que utilizou dados do Indo-US Collaborative Stroke Project. Conforme demonstrado por Sylaja [19], tal como anteriormente referido, foram apresentadas informações sobre os factores de risco do AVC na Índia. Observaram uma elevada taxa de consumo de álcool e tabaco, particularmente nos homens, e uma taxa mais elevada de hipertensão e diabetes mellitus. Entre os utilizadores de tabaco, 53% fumavam cigarros e os restantes consumiam outras formas prevalecentes na Índia (tabaco sem fumo, narguilé e bidis), que provavelmente conferem um risco mais elevado. Os factores de risco mais comuns são o consumo de tabaco (32,2%, incluindo bidi/tabaco sem combustão), a diabetes mellitus (35,7%) e a hipertensão arterial (60,8%). Apenas 4% tinham fibrilhação auricular. Os subtipos etiológicos do AVC foram: cardíaco (24,9%), grande artéria (29,9%), pequena artéria (14,2%), outro definido (3,4%) e indeterminado (27,6%).

Estudos anteriores centraram-se nos factores de risco mais importantes que afectam o AVC na investigação médica sem utilizar técnicas de aprendizagem automática. Neste sentido, são necessários estudos que utilizem algoritmos de aprendizagem automática para criar modelos de classificação do AVC. Isto ajuda a prever um AVC antes de este ocorrer através dos factores de risco mais significativos para o desenvolvimento de um AVC.

2.4 Técnicas de dados de desequilíbrio

Nas aplicações dos algoritmos de aprendizagem automática, existe um problema na distribuição das classes [20]. O desequilíbrio das classes é um problema na aprendizagem automática supervisionada. Existem várias estratégias para resolver este problema, utilizando a geração de dados para equilibrar a distribuição de classes [21]. Em estudos anteriores, concluiu-se que a melhor solução é aplicar um passo de pré-processamento para equilibrar a distribuição das classes no conjunto de dados [22]. A vantagem das técnicas de desequilíbrio de dados não se baseia no classificador utilizado [23]. Existem vários tipos de técnicas de dados desequilibrados. As técnicas de subamostragem excluem e removem alguns dados da maioria. As técnicas de sobreamostragem repetem alguns dados ou criam novos dados de uma classe minoritária. Além disso, as técnicas híbridas fundem as técnicas de sobreamostragem e subamostragem, eliminando algumas das instâncias da classe minoritária expandidas pelos métodos de sobreamostragem [24].

Por conseguinte, estas técnicas de dados desequilibrados serão aplicadas neste estudo para tornar o conjunto de dados equilibrado e para comparar o melhor desempenho das técnicas de dados desequilibrados com os modelos de classificação.

2.5 Algoritmos de classificação

Atualmente, com o desenvolvimento da tecnologia, o elevado desempenho das ferramentas de análise de dados e a aprendizagem automática, os investigadores procuram uma ferramenta adequada para detetar ou prever o

AVC nas suas fases iniciais. Os algoritmos de aprendizagem automática fornecem aos investigadores uma ferramenta útil para analisar uma grande quantidade de dados para extrair informações úteis, como no caso de uma organização de cuidados de saúde, e para facilitar a descoberta de padrões comuns. Por conseguinte, podem fornecer um modelo de previsão para identificar potenciais indivíduos susceptíveis de desenvolver uma doença de AVC [25], [26].

2.5.1   O estudo anterior utilizou o mesmo conjunto de dados

Há um estudo anterior que utilizou o mesmo conjunto de dados que foi utilizado no trabalho proposto, o estudo foi apresentado por Nwosu et al. [27] e destinava-se a prever o AVC a partir de registos de saúde electrónicos. Identificou os factores de risco associados ao aparecimento de um AVC. Além disso, foram utilizados três algoritmos para prever o AVC com base nos factores de risco, utilizando os registos médicos dos doentes. O melhor resultado de precisão (75,02%) do modelo perceptron multicamada (MLP), seguido da precisão da floresta aleatória (74,53%) e da árvore de decisão (74,31%).

No entanto, embora o conjunto de dados seja desequilibrado, não foram utilizadas técnicas de dados desequilibrados. As técnicas de dados desequilibrados são importantes para tornar o conjunto de dados mais equilibrado e, assim, efetuar previsões corretas. No trabalho proposto, serão utilizadas várias técnicas de dados desequilibrados para comparar quais são as técnicas de dados desequilibrados com melhor desempenho com os modelos de classificação.

2.5.2   Os estudos anteriores utilizaram conjuntos de dados diferentes

Noutros estudos que são do mesmo domínio do trabalho proposto, mas com um conjunto de dados diferente. Colaka et al. [28] propuseram a previsão do resultado do AVC utilizando redes neurais artificiais (RNA) e modelos de máquinas de vectores de apoio (SVM). O conjunto de dados de 297 registos foi adquirido a partir das bases de dados do departamento de medicina de emergência. Foram utilizados nove factores de previsão como a doença das artérias coronárias, a hipertensão, a diabetes mellitus, a fibrilhação auricular, o tabagismo, a história de doença cerebrovascular, a proteína C-reactiva, os resultados da ecografia Doppler das carótidas e os níveis de colesterol para prever o AVC. Os resultados dos valores de exatidão da RNA foram (85,9%) no conjunto de dados de teste e (81,82%) no conjunto de dados de treino. Além disso, os valores de exatidão para SVM foram (84,62%) no conjunto de dados de teste e (80,38%) no conjunto de dados de treino.

Bentley et al. [29] propuseram um algoritmo de aprendizagem automática para distinguir os doentes destinados a sofrer trombólise por AVC. Utilizando imagens cerebrais baseadas em tomografia computorizada (TC) precoce, conseguiram identificar todos os 330 doentes com AVC isquémico agudo tratados no seu hospital, para os quais existiam dados completos. Utilizou um algoritmo de máquina de vectores de apoio para prever os resultados da trombólise do AVC, sendo que a área sob a curva da caraterística de funcionamento do recetor deste modelo SVM foi de (74,40%). O estudo demonstrou que um método de aprendizagem automática teve um melhor desempenho em termos de precisão do que um radiologista. No entanto, este estudo tem várias limitações. Em primeiro lugar, houve apenas um número relativamente pequeno de casos (representou 5% dos casos tratados a partir de um único centro de AVC), o que torna difícil saber se o modelo SVM semelhante ao utilizado aqui poderia generalizar para um número maior de casos, que foram tratados em diferentes centros, e usando diferentes imagens de TC e protocolos. O segundo problema está relacionado com a seleção de caraterísticas do espaço de imagem, que podem melhorar a classificação. No entanto, com conjuntos de dados relativamente pequenos, como é o caso, existe o risco de a otimização ad hoc de caraterísticas se ajustar demasiado aos dados, definindo caraterísticas por acaso.

Cheng et al. [30] propuseram um método para prever o resultado de doentes com AVC isquémico após trombólise intravenosa. O conjunto de dados foi recolhido de 82 doentes com AVC isquémico no Tri-service General Hospital. A metodologia foi treinada duas vezes para o modelo de rede neural artificial (RNA) com diferentes caraterísticas. No primeiro modelo, o modelo ANN foi utilizado com a seleção de algumas caraterísticas: idade, açúcar no sangue, pontuação NIHSS (National Institute of Health Stroke Scale), tempo de início do tratamento, sinal de artéria cerebral densa e AVC antigo para prever resultados de três meses. No segundo modelo, foi utilizado o modelo ANN, mas com a escolha de outras caraterísticas diferentes: idade, tempo de início do tratamento, hipertensão, pontuação NIHSS, diabetes, doença cardíaca e AVC antigo para a previsão dos resultados a três meses. Neste estudo, verificou-se que a especificidade, a sensibilidade e a exatidão do primeiro modelo eram de (80,43%), (77,78%) e (79,27%), respetivamente, e de (95,65%), (94,44%) e (95,12%), respetivamente, para o segundo modelo. Este estudo demonstrou que o processo de seleção de caraterísticas desempenha um papel importante nos resultados dos modelos.

Süt et al. [31] propuseram um método para prever a mortalidade em doentes com AVC, utilizando uma rece neural de perceptrão multicamadas (MLP). Foi utilizado um conjunto de dados constituído por 584 doentes com AVC para treinar uma rede neural MLP. Os factores que foram treinados são o tempo de hospitalização, a idade, o sexo, a hipertensão, a fibrilhação auricular, o tipo de AVC, a embolia, a infeção, a doença cardíaca isquémica e a diabetes mellitus. Os desempenhos dos algoritmos de redes neurais foram comparados utilizando o método da curva ROC (receiver operating characteristic). Neste estudo, verificou-se que o MLP treinado com o algoritmo de propagação rápida produziu a maior exatidão (80,70%), uma especificidade (81,30%) e uma AUC (curva de desempenho operacional do recetor) (86,90%). No entanto, este estudo centrou-se apenas em caraterísticas específicas relacionadas com o estado de saúde do doente, ignorando o estilo de vida do doente que afecta o risco de AVC. Além disso, o número de casos no conjunto de dados é relativamente pequeno, o que torna difícil saber se o resultado deste modelo pode ser utilizado com um maior número de dados.

Sunga et al. [32] propuseram um método para desenvolver um índice de gravidade do AVC (SSI) utilizando dados administrativos. Foram identificados 3.577 doentes que sofreram um AVC isquémico agudo a partir de um registo hospitalar e foram utilizados para desenvolver um modelo de previsão da gravidade da doença. No seu estudo, identificaram apenas sete caraterísticas preditivas e desenvolveram três modelos: regressão linear múltipla, modelo de K-vizinho mais próximo e modelo de árvore de regressão, que resultaram em precisões de (74,20%), (74,30%) e (73,70%), respetivamente, com um intervalo de confiança de 95%.

Arslana et al. [33] propuseram um método destinado a utilizar a aprendizagem automática em processos médicos para extrair padrões de grandes conjuntos de dados para prever o AVC. O conjunto de dados recolhido do Centro Médico Turgut Ozal, Universidade Inonu, Malatya, Turquia, incluía os registos médicos de 80 doentes e 112 indivíduos saudáveis com 17 preditores e uma variável-alvo. Como abordagens de extração de dados, foi utilizada a regressão logística penalizada (PLR). Foi utilizado o método de reamostragem de validação cruzada 10 vezes e as métricas de avaliação do desempenho do modelo foram a exatidão, a área sob a curva ROC (AUC), a especificidade e a sensibilidade, o valor preditivo positivo e negativo. O método de pesquisa em grelha foi utilizado para melhorar os parâmetros de afinação do modelo. Como resultados, os valores de exatidão foram de (89,47%) e os valores de AUC foram de 89% para a PLR.

Monteiro et al. [34] propuseram um método que utilizou algoritmos de aprendizagem automática para prever o resultado funcional de um doente três meses após o AVC inicial. O conjunto de dados era composto por 541 pacientes do Hospital de Santa Maria, em Lisboa, Portugal, que é um hospital universitário terciário. Este estudo utilizou classificadores de Regressão Logística, SVM, Árvore de Decisão e Floresta Aleatória. A área sob a curva ROC (AUC) foi 80% superior à melhor classificação de 77% quando utilizadas as caraterísticas disponíveis na admissão.

JoonNyung et al. [35] propuseram a aplicabilidade de métodos de aprendizagem automática para prever resultados a longo prazo em doentes com AVC isquémico. O conjunto de dados de 2604 doentes foi incluído neste estudo, e 2043 (78%) deles tiveram resultados positivos. Foram obtidas 38 variáveis, incluindo a pontuação inicial da National Institutes of Health Stroke Scale, dados demográficos dos doentes, tempo decorrido desde o início até à admissão, subtipos de AVC, historial de doenças e medicamentos anteriores e resultados laboratoriais. Utilizámos três modelos de aprendizagem automática (floresta aleatória, regressão logística, rede neural profunda) e comparámos a sua previsibilidade. Para avaliar a precisão dos modelos, comparou-os com a pontuação do Acute Stroke Registry and Analysis of Lausanne (ASTRAL). A área sob a curva do modelo de rede neural profunda foi significativamente superior à da pontuação ASTRAL (0,888 versus 0,839; P<0,001), enquanto a área sob as curvas dos modelos de regressão logística (0,849; P=0,413) e de floresta aleatória (0,857; P=0,136) não foram significativamente superiores à pontuação ASTRAL. O desempenho da aprendizagem automática não foi significativamente diferente do da pontuação ASTRAL [35].

Os estudos anteriores mostraram que os métodos de classificação obtiveram bons resultados, como o classificador SVM, que resolve um processo complexo utilizando vários tipos de funções de kernel com menos sobreajuste. Além disso, a regressão logística é amplamente utilizada devido à sua eficácia e facilidade de implementação e explicação. Além disso, o MLP é uma ferramenta computacional flexível que tem a capacidade de lidar com processos complexos com um elevado desempenho. Assim, estes classificadores, juntamente com outros classificadores, serão utilizados para classificar o AVC através de várias medidas de avaliação, como a sensibilidade, a precisão, a medida F1, a exatidão equilibrada, a curva ROC e a AUC.

Em conclusão, conclui-se que alguns dos estudos anteriores foram examinados na previsão de um AVC utilizando vários algoritmos de classificação como SVM, ANN, MLP e KNN. No entanto, estes estudos ignoraram a natureza dos dados desequilibrados na maioria dos conjuntos de dados médicos. Os dados desequilibrados representam um desafio para a previsão de modos, uma vez que a maioria dos modelos utilizados para a classificação foram concebidos com base no pressuposto de um número igual de instâncias para cada classe. Os dados desequilibrados resultam em modelos com fraco desempenho de previsão. Felizmente, existem técnicas que tornam os dados equilibrados.

Por conseguinte, no trabalho proposto, serão utilizadas técnicas de dados desequilibrados para equilibrar o conjunto de dados, melhorar o desempenho da previsão do AVC e estudar a eficiência do desempenho de cada técnica de dados desequilibrados com os algoritmos de classificação que foram propostos e depois avaliados.

Capítulo 3: Metodologia

3.1 Introdução

O capítulo da metodologia apresenta as metodologias utilizadas neste estudo. O seu objetivo é compreender a metodologia utilizada. As secções deste capítulo encontram-se pela seguinte ordem:

- Métodos de seleção de caraterísticas (secção 3.2).
- Várias técnicas de dados desequilibrados (secção 3.3).
- Algoritmos de classificação (secção 3.4).
- Métricas de avaliação (secção 3.5).

3.2 Métodos de seleção de caraterísticas

O método de seleção de caraterísticas [36] é um dos conceitos básicos da aprendizagem automática que pode afetar grandemente o desempenho do modelo. Uma caraterística, no caso de um conjunto de dados, significa simplesmente uma coluna. Para um determinado conjunto de dados, nem todas as colunas (caraterísticas) terão necessariamente um efeito na variável de saída. Se adicionarmos estas caraterísticas irrelevantes ao modelo, isso pode reduzir o desempenho do modelo. Além disso, as caraterísticas irrelevantes no conjunto de dados podem reduzir a precisão dos modelos e fazer com que o modelo aprenda com base em caraterísticas irrelevantes. Isto aumenta a necessidade de fazer uma seleção de caraterísticas. Há muitas vantagens em efetuar um processo de seleção de caraterísticas antes da modelização [36]:

- Reduz o sobreajuste: Menos dados redundantes significa menos oportunidades para tomar decisões baseadas no ruído.
- Melhora a   Precisão: menos dados enganadores significam maior precisão de modelação.
- Reduz o tempo de treino: menos pontos de dados reduzem a complexidade do algoritmo e treinam os algoritmos mais rapidamente.

3.3 Técnicas de conjuntos de dados desequilibrados

Um dos desafios emergentes na aprendizagem automática é o problema do desequilíbrio de classes. O problema surge quando os dados apresentam um desequilíbrio de classes, que consiste em conter muitos exemplos de uma classe em detrimento de outra [37]. Muitas aplicações têm surgido com dados desequilibrados, tais como biológicas e médicas [38], e deteção de fraudes, deteção de intrusões [39]. Normalmente, os casos são agrupados em duas categorias: classe minoritária ou positiva e classe maioritária ou negativa. A classe positiva, em domínios desequilibrados, representa normalmente um conceito com maior interesse do que a classe negativa. A classificação padrão pode ignorar a importância da classe minoritária porque a sua representação no conjunto de dados não é suficientemente forte. Para um exemplo clássico, se o rácio de desequilíbrio apresentado nos dados for de 1: 100 (ou seja, existe um caso positivo num total de 100 casos), então o erro por ignorar esta classe é de apenas 1% [40].

Para resolver este problema, existem várias técnicas para melhorar a distribuição das classes, algumas das quais se baseiam no conceito de reamostragem. Os métodos de reamostragem são concebidos para remover ou adicionar dados de forma a alterar a distribuição das classes. Quando as distribuições de classes estiverem equilibradas, o conjunto de algoritmos de aprendizagem automática pode ser ajustado com êxito. Além disso, as técnicas de reamostragem consistem em três subcategorias, incluindo técnicas de subamostragem, técnicas de sobreamostragem e técnicas híbridas. As técnicas de sobreamostragem criam novos dados sintéticos na classe minoritária, enquanto os métodos de subamostragem eliminam os dados na classe maioritária. Entretanto, as técnicas híbridas combinam técnicas de subamostragem e de sobreamostragem [41]. Os pormenores de cada método são apresentados nas secções seguintes, que descrevem as várias abordagens das técnicas de dados desequil brados que se aplicam neste estudo.

3.3.1 Técnicas de subamostragem

As técnicas de subamostragem [42] são eliminadas e removem alguns exemplos da maioria para criar um subconjunto do conjunto de dados original, como ilustrado na Figura 3.1.

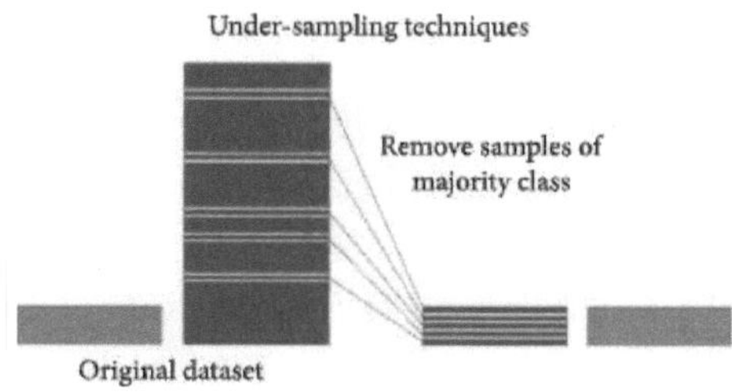

Figura 3.1: Técnicas de subamostragem [42].

As técnicas de subamostragem estão a reduzir a quantidade de dados de treino quando o conjunto de dados é enorme. As vantagens são a melhoria do tempo de execução do modelo e a resolução de problemas de memória. No entanto, há um ponto fraco que leva à perda de informação, ao remover amostras de dados úteis que poderiam ser importantes para a construção de classificadores baseados em regras. Quando o número da classe minoritária é demasiado pequeno em comparação com a classe maioritária, muitas amostras da classe maioritária são removidas. Neste caso, as técnicas de subamostragem podem ser ineficazes [42].

3.3.2 Técnicas de sobreamostragem

As técnicas de sobreamostragem [42] envolvem a criação de novos dados ou a replicação de alguns dados da classe minoritária para criar um superconjunto do conjunto de dados, conforme ilustrado na Figura 3.2 abaixo [42].

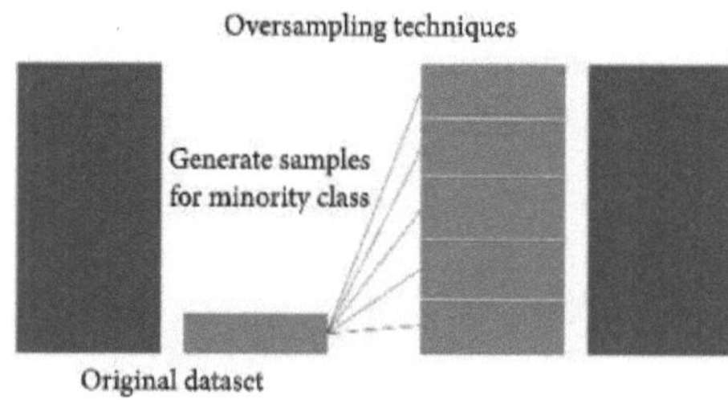

Figura 3.2: Técnicas de sobreamostragem [42].

O aumento do número de amostras na classe minoritária tem por objetivo equilibrar o conjunto de dados. A vantagem das técnicas de sobreamostragem é a ausência de perda de informação. No entanto, um dos seus inconvenientes é o facto de poderem aumentar a possibilidade de sobreajustamento à medida que se repete a classe minoritária [43]. Além disso, surgiram muitas técnicas de sobreamostragem, incluindo a sobreamostragem aleatória (ROS)[44], a técnica de sobreamostragem de minorias sintéticas (SMOTE)[45] e a amostragem sintética adaptativa (ADASYN)[48]. Cada uma destas técnicas é analisada nas três secções seguintes.

3.3.2.1   Técnica de sobreamostragem aleatória (ROS)

O algoritmo de sobreamostragem aleatória (ROS) [44] funciona selecionando aleatoriamente exemplos duplicados da classe minoritária para o conjunto de dados original até o conjunto de dados estar equilibrado. A vantagem de utilizar este método é o facto de não conduzir à perda de informação. No entanto, este método tem a desvantagem de adicionar amostras replicadas aleatoriamente ao conjunto de dados original, c que acaba por adicionar múltiplas observações, conduzindo assim a um sobreajuste. Embora a precisão do treino para o conjunto de dados seja elevada, a precisão nos dados não vistos pode ser pior. No entanto, existem outros métodos de sobreamostragem que foram criados com base no método ROS [44].

3.3.2.2   Técnica de sobreamostragem de minorias sintéticas (SMOTE)

A técnica (SMOTE) [45] supera os desequilíbrios num conjunto de dados, gerando dados artificiais da classe minoritária em vez de replicar e adicionar aleatoriamente os exemplos. Por conseguinte, este método pode ultrapassar os problemas da técnica ROS. No que respeita à geração sintética de dados, o SMOTE é o método mais popular e poderoso. A técnica SMOTE cria dados artificiais com base nas semelhanças do espaço de caraterísticas da classe minoritária. Para gerar dados artificiais, utiliza o algoritmo k-Nearest neighbors (k-NN) [45].

A técnica SMOTE é uma técnica de sobreamostragem simples e eficaz. A técnica SMOTE cria uma distribuição de classes mais equilibrada e reduz o sobreajuste causado pela sobreamostragem aleatória, uma vez que são geradas instâncias sintéticas em vez de repetição de instâncias. No entanto, o SMOTE não é muito eficiente para dados de elevada dimensão. Isto deve-se ao facto de o SMOTE não conseguir lidar com dados de elevada dimensão e não conseguir controlar o enviesamento da classe maioritária [46]. Além disso, o algoritmo SMOTE ignora a informação sobre a densidade e a distribuição dos dados, que é importante para

sintetizar instâncias minoritárias. O algoritmo do SMOTE também não consegue eliminar eficazmente o efeito do ruído [47].

3.3.2.3 Técnica de amostragem sintética adaptativa (ADASYN)

O algoritmo ADASYN [48] é uma versão melhorada do SMOTE. Faz o mesmo que o SMOTE, mas com algumas melhorias. Depois de criar estas amostras, adiciona valores aleatórios, tornando-as mais realistas. Por outras palavras, em vez de todas as amostras estarem linearmente correlacionadas, têm um pouco mais de variância. Ou seja, estão um pouco mais dispersas. As maiores vantagens do algoritmo ADASYN são a sua natureza adaptativa, que permite criar mais dados para os exemplos "mais difíceis de aprender" e a possibilidade de recolher mais dados negativos para o modelo [48].

3.3.3 Técnicas híbridas

As técnicas híbridas têm por objetivo equilibrar o conjunto de dados através da fusão de dois métodos, gerar amostras para a classe minoritária utilizando a técnica de sobreamostragem e, em seguida, remover o ruído da classe minoritária utilizando a técnica de subamostragem para eliminar o sobreajuste, tal como ilustrado na Figura 3.3.

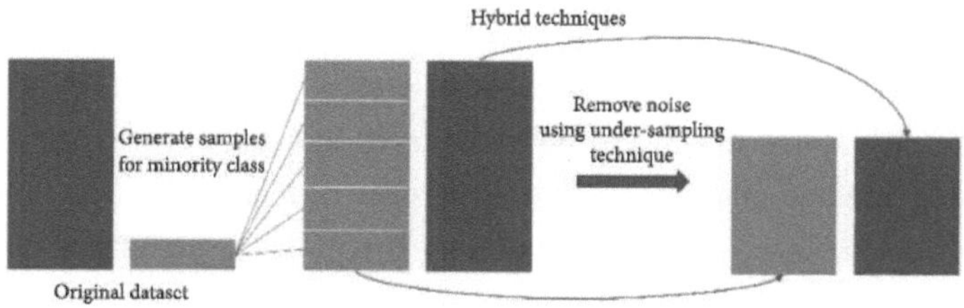

Figura 3.3: Técnicas híbridas [42].

Além disso, as técnicas híbridas têm também por objetivo remover as instâncias ruidosas. Assim, para remover o ruído e limpar os dados de treino, os métodos mais comuns são os métodos Tomek Links e Edited Nearest Neighbour [49],[50]. Cada uma destas técnicas é analisada nas duas secções seguintes.

3.3.3.1 **Técnica SMOTE e Tomek Links (SMOTETomek)** A técnica SMOTETomek [51] combina subamostragem e sobreamostragem. É uma forma eficaz de evitar as desvantagens do método SMOTE e Tomek Link. É aplicada utilizando a biblioteca imbalanced_learn, e inclui uma função SMOTE para sobreamostragem de classes, bem como uma função Tomek Link que pode ser utilizada como método de limpeza de dados utilizando a subamostragem. O fluxo do algoritmo consiste em combinar SMOTE e Tomek Link para formar um pipeline. O fluxo do pipeline é o seguinte: Para um conjunto de dados D com uma distribuição de dados desequilibrada, é utilizado o SMOTE para obter um conjunto de dados alargado D' através da criação de muitas novas amostras minoritárias. Em seguida, os pares Tomek Link no conjunto de dados D' são removidos usando o método Tomek Link [51].

3.3.3.2 **Técnica SMOTE e Edited Nearest Neighbour (SMOTEENN)** A técnica SMOTEENN [52] combina subamostragem e sobreamostragem utilizando SMOTE e Edited Nearest Neighbour (ENN). É aplicada utilizando a biblioteca de imbalanced_learn e inclui uma função SMOTE para a sobreamostragem de classes, bem como uma função ENN que pode ser utilizada como método de limpeza de dados através da sobreamostragem. Além disso, o método ENN pode eliminar tanto as instâncias ruidosas como as instâncias de fronteira, o que significa que proporciona uma superfície de decisão mais suave. A ENN tende a eliminar um maior número de exemplos do que as ligações Tomek. Assim, é provável que proporcione uma limpeza de dados mais aprofundada do que as ligações Tomek. Com base na avaliação, um estudo concluiu que o desempenho do SMOTE-ENN é superior ao de outras técnicas de reamostragem [52].

3.4 **Metodologia de classificação**

A metodologia de classificação dos classificadores Naïve Bayes (NB), Logistic Regression (LR), Multilayer Perceptron (MLP), Support Vetor Machine (SVM), Random Forest (RF) e voting ensemble é abordada nas secções seguintes.

3.4.1 **Classificador Naïve Bayes**

O Naive Bayes (NB) [53] é um modelo de probabilidade condicional, classificado como algoritmo de aprendizagem automática supervisionada e dedicado a problemas de classificação de duas e várias classes. Em vez de tentar calcular os valores de cada atributo P (d1, d2, d3|h), assume-se que são independentes e condicionais, considerando o valor alvo e calculado como P (d1|h) * P (d2|H) e assim sucessivamente. Pelo teorema de Bayes, a probabilidade condicional pode ser decomposta como:

$$p(C_k|\,d) = \frac{P(C_k)\,p(d\,|C_k)}{p(d)}$$

Onde p é o símbolo para denotar a probabilidade, C para cada um dos resultados possíveis $k\,k$
ou classes, $p(C$ é a probabilidade de dada , é a probabilidade de $k|\,d)\ Ck\,d\,p(d\,|Ck)$ dados d dado C fosse verdadeiro, é a probabilidade de ser verdadeiro e é a $k\,P\,Ck$ ( ) $Ck\,p(d)$ probabilidade dos dados d [53],[54].

As vantagens dos classificadores Naive Bayes são a simplicidade do modelo, a rapidez, a escalabilidade e a necessidade de poucos dados. No entanto, as desvantagens dos classificadores Naive Bayes são o facto de assumirem a independência das caraterísticas e terem de escolher a função de verosimilhança [55].

Existem diferentes algoritmos para configurar um classificador NB [55]. Neste estudo, serão utilizados três tipos de algoritmos naive Bayes [56]:

• O BernoulliNB implementa os algoritmos de classificação naive Bayes de acordo com distribuições bernoulli multivariadas para o conjunto de dados distribuído.

• ComplementNB implementa o algoritmo complement naive Bayes (CNB) para conjuntos de dados desequilibrados. O CNB utiliza estatísticas de cada classe para calcular os pesos do modelo.

• O GaussianNB é implementado para o problema de classificação.

3.4.2 Rede Neural Artificial: Classificador Perceptron Multilayer

O perceptrão multicamadas (MLP) [57] é uma classe de redes neuronais artificiais (RNA). É frequentemente aplicada a problemas de aprendizagem automática supervisionada. São treinadas num grupo de pares de entrada-saída e aprendem a modelar a relação entre essas entradas e saídas. Uma MLP é composta por mais do que um perceptron e

consiste em três camadas de nós: camada de entrada, camadas ocultas e camada de saída, como ilustrado na Figura 3.4 abaixo [57].

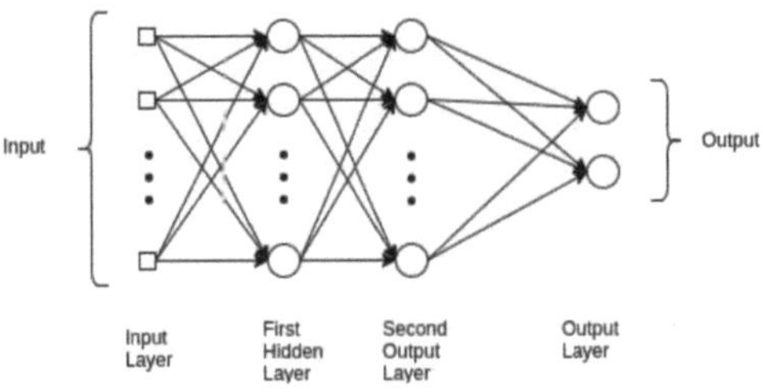

Figura 3.4: Rede neural Multilayer Perceptron [57].

Na camada oculta, o número de camadas ocultas pode ser aumentado para tornar o modelo mais complexo de acordo com a tarefa. Uma vez que as MLP estão completamente ligadas, cada nó de uma camada está ligado a um peso específico para cada nó da camada seguinte. A regra seguinte introduz a unidade geral de processamento de neurónios:

3.4.3   Classificador de regressão logística

A regressão logística (RL) [59] é uma técnica de aprendizagem estatística categorizada no algoritmo de aprendizagem automática supervisionada e dedicada a tarefas de classificação. Baseia-se no conceito de probabilidade, utilizando um algoritmo de análise preditiva para modelar relações entre uma variável dependente (Y) e uma ou mais variáveis independentes (X). A forma de regressão logística:

$$\left[\frac{p}{1-p}\right] = \beta_0 + \beta_1 X_1 + \beta_2 X_2 + \dots + \beta_k X_k \qquad (3)$$

Onde p probabilidade, x são as variáveis de previsão, é o interceto 1, ..., xk $\beta 0$

e β são os coeficientes das variáveis. 1, ..., βk β Além disso, a regressão logística cria uma curva logística que se limita a valores entre 0 e 1. A regressão logística é semelhante à regressão linear, mas a curva é criada utilizando o logaritmo natural das "probabilidades" da variável-alvo, em vez da probabilidade. Além disso, os factores de previsão não têm de ser naturalmente distribuídos ou ter uma variância equivalente em cada grupo [59].

3.4.4   Classificador de máquinas de vetor de suporte

Uma máquina de vectores de suporte (SVM) [60] é um algoritmo de aprendizagem automática supervisionada. As SVM funcionam encontrando pontos de dados para diferentes categorias e traçando limites entre eles. Os pontos de dados escolhidos são designados por vectores de apoio e os limites são designados por hiperplanos, como se mostra na Figura 3.5 [60].

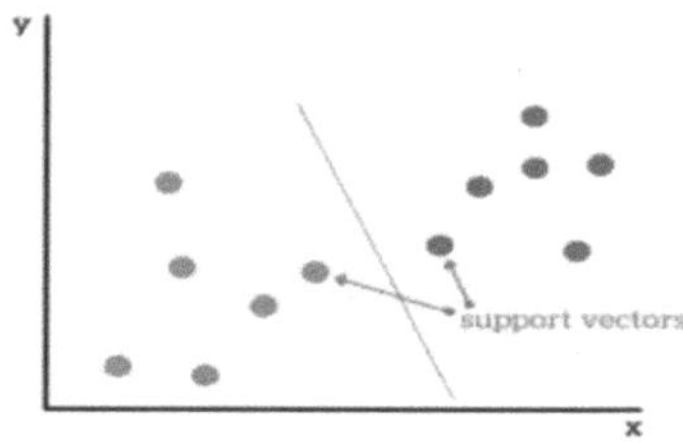

Figura 3.5: O hiperplano e os vectores de apoio [60].

Os vectores de apoio são os pontos de dados mais próximos do hiperplano, os pontos de um conjunto de dados que, se removidos, alterariam a posição do hiperplano de separação [60]. O algoritmo tem em conta cada par de pontos de dados até encontrar o par mais próximo em diferentes categorias e traça uma linha reta a meio caminho entre eles. Se os dados de entrada forem linearmente separáveis, a solução para o hiperplano é simples. Mas, no caso das regiões de classificação, estas sobrepõem-se muitas vezes e não pode haver um único plano reto que sirva de limite. Uma forma de contornar esta situação é converter os dados em dimensões mais elevadas, ou seja, criar caraterísticas adicionais. No entanto, há um problema com esta abordagem. Embora a existência de dimensões mais elevadas facilite a procura de um hiperplano, também é necessário dar ao algoritmo mais caraterísticas para aprender [61]. Felizmente, as SVMs permitem evitar essa aprendizagem adicional usando um truque de kernel. Um kernel é apenas uma função que recebe dois pontos de dados como entradas e devolve uma pontuação de similaridade. Esta semelhança pode ser interpretada como uma medida de proximidade. Quanto mais próximos os pontos de dados estiverem, maior será a semelhança. Além disso, as funções de kernel têm vários tipos, como RBF, polinomial, kernel sigmoide e métricas de pares. Além disso, existem outros parâmetros para o algoritmo SVM, como os parâmetros gama e C [61], [62].

3.4.5 Classificador de votação em conjunto

O classificador Ensemble Vote [63] combina um algoritmo de aprendizagem automática semelhante ou diferente para classificação através de votação por maioria. De uma forma mais clara, os resultados de cada classificador são combinados e, em seguida, são selecionados os classificadores previstos que apresentam o melhor desempenho [63]. O fluxo de trabalho do classificador de conjunto de votação é ilustrado na Figura 3.6.

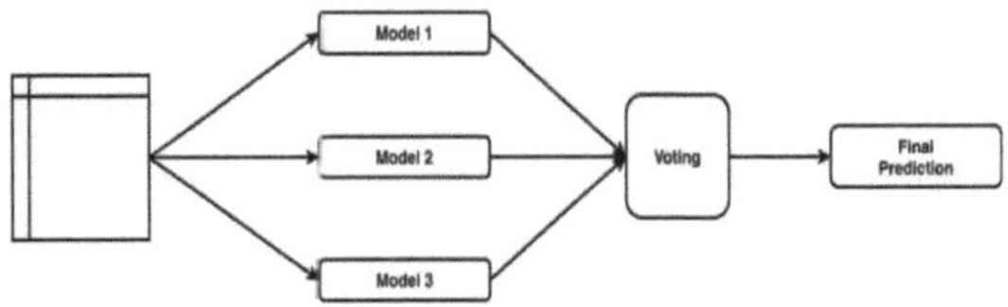

Figura 3.6: Fluxo de trabalho do classificador de conjunto de votação [64].

O classificador Ensemble Vote é implementado como votação suave e difícil [64]. Difícil

A votação consiste em prever o $\overset{\wedge}{}$ rótulo da classe y através da votação maioritária de cada classificador C :

$$\hat{y} = mode\ \{C_1(X),\ C_2(X),\ ....\ C_m(X)\} \tag{4}$$

Supondo que se combinam três classificadores que classificam como se mostra abaixo:

C assificador 1 -> classe 1

Classificador 2 -> classe 0

Classificador 3 -> classe 1

$\hat{y} = mode\ \{1, 0, 1\} = 1$, está a classificar a amostra como (classe 1) [65].

O conjunto de votação é uma técnica eficaz e útil, que é especialmente útil quando um modelo mostra algum tipo de enviesamento. Também é possível que o classificador de conjunto de votação resulte numa melhor pontuação global do que os melhores estimadores de base, uma vez que agrega as previsões de vários modelos e tenta cobrir possíveis pontos fracos dos modelos individuais. Uma forma de melhorar o desempenho do conjunto consiste em tornar os estimadores de base tão diversos quanto possível [64].

3.5 Métricas de avaliação

As métricas de avaliação [66] são uma das fases mais importantes deste estudo para avaliar o desempenho dos métodos de classificação. É utilizada para medir a qualidade do desempenho do algoritmo estatístico ou de aprendizagem automática. A avaliação de algoritmos ou modelos de aprendizagem automática é importante para qualquer projeto. É muito importante utilizar várias métricas de avaliação para avaliar o modelo. Isto porque um modelo pode ter um bom desempenho com uma métrica de avaliação, mas pode ter um desempenho fraco com outra métrica de avaliação [66]. A utilização de métricas de avaliação é fundamental para garantir que um modelo funciona corretamente e de forma óptima. Além disso, existem muitos tipos diferentes de métricas de avaliação disponíveis para testar o desempenho do modelo [67]. Segue-se uma panorâmica de algumas das métricas de avaliação importantes.

3.5.1 Precisão equilibrada

A exatidão equilibrada [66] destina-se a algoritmos de classificação binária e multiclasse para lidar com conjuntos de dados desequilibrados. A precisão não é uma medida válida com conjuntos de dados desequilibrados porque não distingue entre o número de casos de várias classes corretamente classificados [66]. A precisão equilibrada é definida como a média da proporção de casos corretos para cada classe individualmente, como mostra a equação abaixo [68].

$$Balanced\ Accuracy\ measure = \frac{(TNR+TPR)}{2} \qquad (5)$$

A Taxa de Verdadeiros Negativos (TNR) mede a proporção de negativos reais pela percentagem de exemplos negativos que são classificados como negativos e a Taxa de Verdadeiros Positivos (TPR) mede a percentagem de exemplos positivos que são classificados como positivos [68].

3.5.2   Sensibilidade (recordação)

A recuperação ou sensibilidade [68] mede o número de etiquetas positivas que são previstas com êxito entre todas as etiquetas positivas no modelo do classificador. Formalmente, é o rácio entre o número de respostas positivas corretas "verdadeiro positivo' e a soma das respostas positivas corretas "verdadeiro positivo" e das respostas negativas incorrectas "falso negativo", como mostra a equação abaixo [68].

$$Sensitivity = \frac{TP}{TP+FN}$$

3.5.3.Precisão

A precisão [68] é o valor preditivo positivo; formalmente, é o rácio entre o número de respostas positivas corretas "verdadeiro positivo" e a soma das respostas positivas corretas "verdadeiro positivo" e das respostas incorretamente rotuladas como positivas "falso positivo", como mostra a equação abaixo [68].

$$Precisão = \frac{TP}{TP+FP}$$

3.5.4. Medida

A medida F [68] considera tanto a precisão como a recuperação. A medida F é definida como a média harmónica ponderada da recuperação e da precisão do teste. Esta pontuação é calculada como mostra a equação abaixo [68].

$$F\text{-}Measure = 2 * \frac{Precisão * Recuperação}{Precisão + Recuperação}$$

3.5.5.   Curva Caraterística de Funcionamento do Recetor (ROC)

A curva caraterística de funcionamento do recetor ou curva ROC [69] é um gráfico que mostra o desempenho de um modelo de classificação em todos os limiares de classificação. Os gráficos da curva têm dois parâmetros: a taxa de verdadeiros positivos e a taxa de falsos positivos. A taxa de verdadeiros positivos (TPR) é um sinónimo de recuperação e é definida da seguinte forma [69].

$$TPR = \frac{TP}{TP+FN}$$

A taxa de falsos positivos (FPR) é definida da seguinte forma:

$$FPR = \frac{PF}{PF+TN}$$

Uma curva ROC representa TPR vs. FPR em diferentes limiares de classificação. Assim, quanto mais baixo for o limiar de classificação, mais itens são classificados como positivos, aumentando assim os verdadeiros positivos (TP) e os falsos positivos (FP). A figura seguinte
3.7 mostra uma curva ROC típica [69].

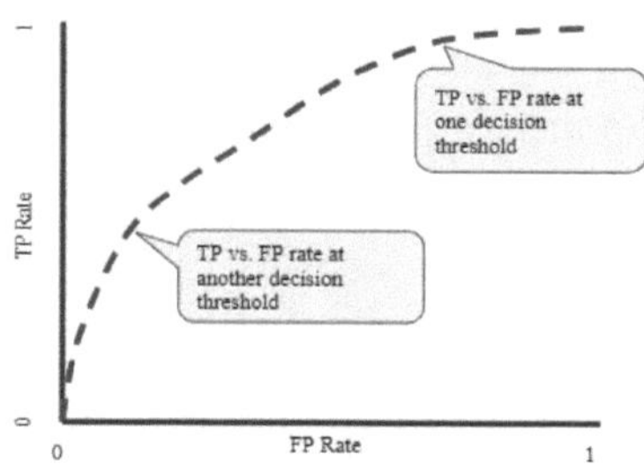

Figura 3.7: Taxa TP vs. FP em diferentes limiares de classificação. [68].

Para calcular pontos numa curva ROC, é possível avaliar um modelo várias vezes com diferentes limiares de classificação, mas isso seria ineficiente.

3.5.3   Área sob a curva

A área sob a curva ROC (AUC) [68] mede toda a área bidimensional sob toda a curva ROC de (0, 0) a (1, 1), como mostra a Figura 3.8 abaixo [69].

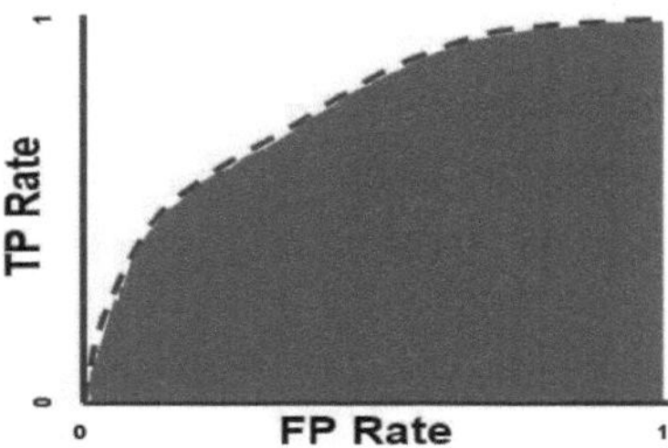

Figura 3.8: AUC (Área sob a curva ROC) [68].

A AUC fornece uma medida global do desempenho em todos os potenciais limiares de classificação. Uma forma de interpretar a AUC é como uma probabilidade de o modelo classificar uma instância positiva aleatória mais altamente do que uma instância negativa aleatória. Quando a AUC > 0,5 indica um desempenho acima do acaso, abaixo de 0,5 indica problemas com o classificador [69].

Capítulo 4: Dados e análise

4.1   Introdução

O capítulo sobre dados e análise descreve os pormenores do conjunto de dados, bem como a sua análise e preparação. O seu objetivo é permitir compreender o conteúdo do conjunto de dados, os seus atributos e os pormenores de implementação para o preparar antes de treinar e avaliar os modelos de aprendizagem automática. As secções que se seguem estão pela ordem seguinte:

- Seleção e descrição do conjunto de dados (secção 4.2).

- Análise do conjunto de dados (secção 4.3).

- Pré-processamento do conjunto de dados (secção 4.4).

4.2   Seleção e descrição do conjunto de dados

O conjunto de dados [70] é constituído por registos médicos electrónicos divulgados pela McKinsey & Company no âmbito do desafio da hackathon dos cuidados de saúde. O conjunto de dados está disponível no Kaggle; trata-se de um armazém de dados público para conjuntos de dados. Os editores do conjunto de dados no sítio Web do Kaggle processaram-no em conformidade com a legislação em matéria de proteção de dados, tendo em conta os requisitos éticos. O conjunto de dados contém 43 400 registos de doentes e 12 caraterísticas. As variáveis independentes são id, sexo, idade, doença cardíaca, hipertensão, casado, tipo de residência, tipo de trabalho, nível médio de glicose, IMC e estado de fumador, e a variável dependente é o AVC, em que uma variável de AVC é classificada em cada doente, quer o doente tenha tido um AVC ou não tenha tido AVC [70]. As descrições das variáveis são apresentadas na Tabela 4.1.

Quadro 4.1: Descrição do conjunto de dados dos registos médicos electrónicos.

Atributo	Descrição	Tipo de dados
ID	ID do doente	Numérico
Factores de risco demográficos:		
Género	Sexo do doente: Feminino, masculino ou outro.	Categórica
Idade	Idade do doente	Numérico
Fator de risco comportamental:		
Fumar estatuto	estado de tabagismo do doente: nunca fumou, fumou anteriormente fumou ou fuma	Categórica
Factores de risco do estilo de vida:		
Já casou	Sim casado ou Não	Categórica
Residência tipo	Tipo de área ce residência: rural ou urbana	Categórica
Tipo de trabalho	Tipo de ocupação: filhos, trabalho governamental, nunca trabalhou, privado ou por conta própria.	Categórica
Factores de risco médico:		
Hipertensão	Se o doente era hipertenso ou não.	Categórica
Doença cardíaca	Se o doente tinha ou não doença cardíaca.	Categórica
Glicose de agosto	Nível médio de glicose	Numérico
IMC	Índice de Massa Corporal.	Numérico
Acidente vascular cerebral	Se o doente teve ou não um AVC.	Categórica

4.3 Análise de dados

Nesta secção, o conjunto de dados é explorado e analisado para compreender a natureza dos dados. A análise dos dados é uma parte importante deste estudo para compreender e extrair as informações úteis de uma grande quantidade de dados. A análise de dados foi implementada no ambiente de programação Jupyter Notebook, que é uma aplicação Web de fonte aberta que utiliza a linguagem de programação Python.

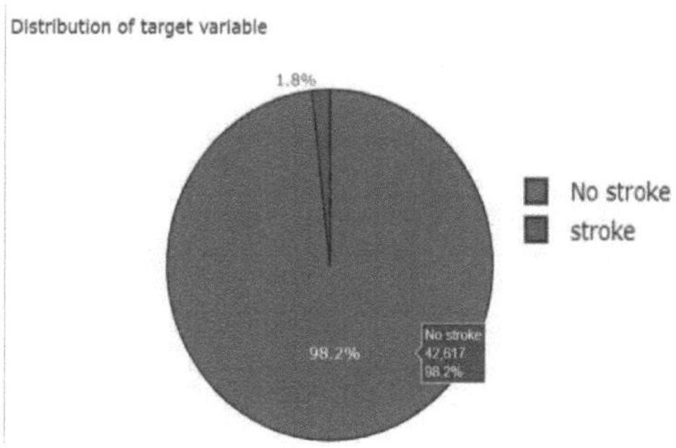

Figura 4.1: A distribuição das variáveis do AVC.

Como se mostra na Figura 4.1, a variável AVC no conjunto de dados contém duas classes. A classe AVC tem 783 doentes, o que corresponde a 1,8% de todos os doentes do conjunto de dados, enquanto a classe sem AVC tem 42617 doentes, o que corresponde a 98,2% de todos os doentes do conjunto de dados. Verifica-se que o número de doentes com AVC neste conjunto de dados é muito inferior ao número de doentes sem AVC. Por conseguinte, conclui-se que este conjunto de dados é um conjunto de dados altamente desequilibrado.

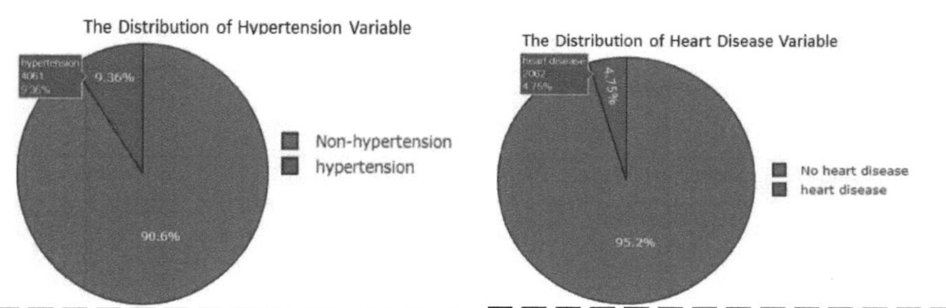

Como se pode ver na Figura 4.2, a variável hipertensão no conjunto de dados contém duas classes. A classe dos hipertensos tem 4061 doentes, o que corresponde a 9,36% de todos os doentes do conjunto de dados, enquanto a classe dos não hipertensos tem 39339 doentes, o que corresponde a 90,6% de todos os doentes do conjunto de dados. Verifica-se que o número de doentes com hipertensão neste conjunto de dados é muito inferior ao número de doentes sem hipertensão. Para além disso, como se pode ver na Figura 4.3, a variável doença cardíaca no conjunto de dados contém duas classes. A classe das doenças cardíacas tem 2062 doentes, o que corresponde a 4,75% de todos os doentes do conjunto de dados, enquanto a classe das doenças não cardíacas tem 41338 doentes, o que corresponde a 95,2% de todos os doentes do conjunto de dados. Verifica-se que o número de doentes com doença cardíaca neste conjunto de dados é muito inferior ao número de doentes sem doença cardíaca. Por conseguinte, conclui-se que este conjunto de dados é um conjunto de dados altamente desequilibrado. Para o efeito, as técnicas de dados desequilibrados serão utilizadas para equilibrar os dados e melhorar o desempenho da classificação.

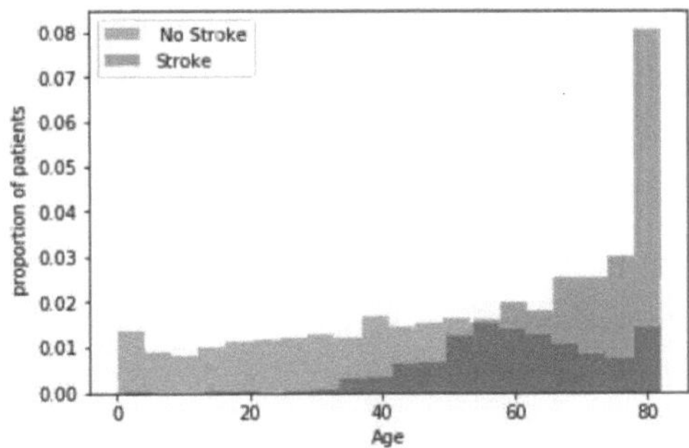

Figura 4.4: Distribuição da variável idade para Acidente Vascular Cerebral/Não Acidente Vascular Cerebral.

Além disso, a variável idade foi analisada e verifica-se que contém um intervalo de 0 a 80 aproximadamente, e a variável idade tem um impacto elevado no risco de AVC. Quando se traça o gráfico da distribuição etária para AVC/não AVC, verifica-se que a proporção de doentes com AVC está muito inclinada para as idades superiores a 50 anos. De uma forma mais clara, quando a variável idade é dividida em quatro categorias, a categoria etária de 60 a 80 anos tem maior probabilidade de sofrer um AVC, enquanto a categoria etária de 0 a 20 anos é a menos suscetível de sofrer um AVC. Nesta base, conclui-se que as probabilidades de AVC aumentam com o aumento da idade, como se pode ver na Figura 4.4 acima.

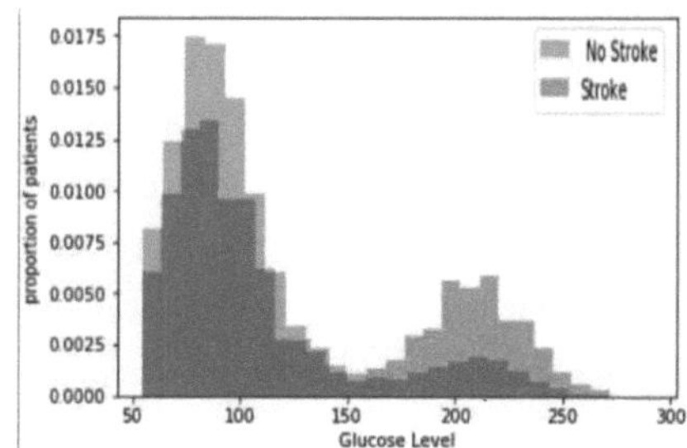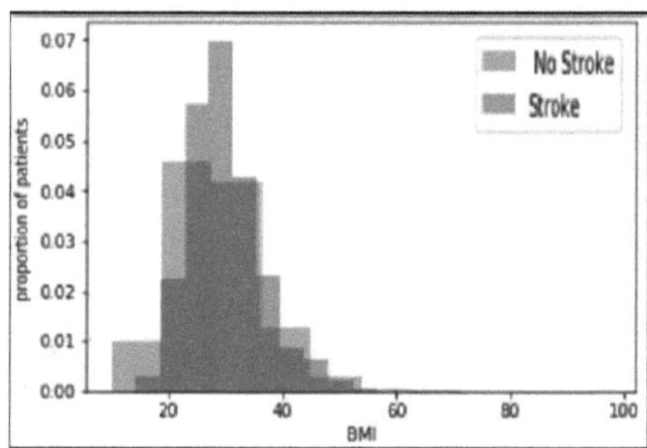

A variável nível médio de glucose foi analisada e verificou-se que contém um intervalo de 55 a 291, e que esta variável tem um impacto no risco de AVC. Foi quando se traçou a distribuição do nível médio de glucose para AVC/não AVC que se clarificaram as probabilidades de AVC elevadas com níveis de glicose entre 70 e 120. Além disso, com o aumento do nível médio de glucose, os doentes têm maior probabilidade de sofrer um AVC, como mostra a Figura 4.5.

Além disso, a variável Índice de Massa Corporal (IMC) foi analisada e verificou-se que contém um intervalo de 10 a 97, e que esta variável tem um impacto no risco de AVC. Foi quando se traçou a distribuição do IMC para AVC/não AVC que se clarificaram as probabilidades de AVC mais com o IMC entre 20 e 40. Como se pode ver na Figura 4.6 acima.

Por outro lado, foram analisadas variáveis relacionadas com o estilo de vida e o comportamento do doente, tais como o estatuto social, o estatuto de fumador, o tipo de trabalho e o tipo de residência.

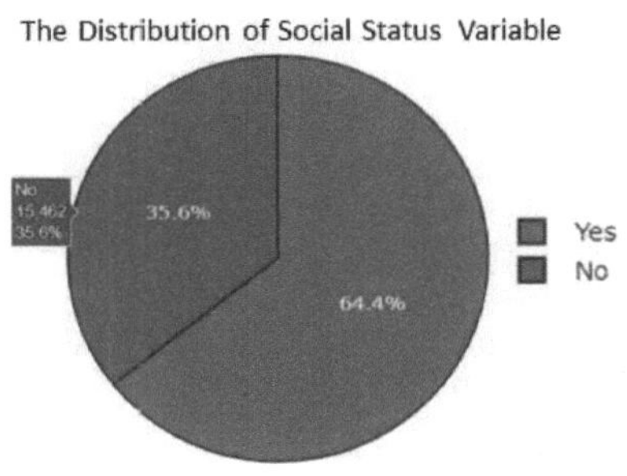

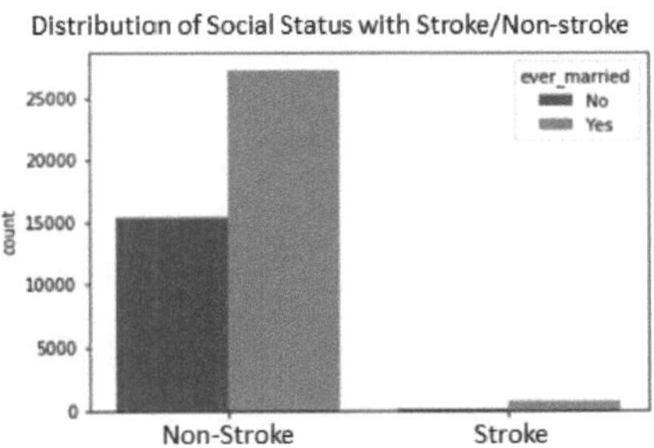

Como se mostra na Figura 4.7, a variável estatuto social no conjunto de dados contém duas classes. A classe dos não casados tem 15462 doentes, o que corresponde a 35,6% de todos os doentes do conjunto de dados, enquanto a classe dos casados tem 27938 doentes, o que corresponde a 64,4% de todos os doentes do conjunto de dados. Verifica-se que o número de doentes casados neste conjunto de dados é superior ao número de doentes não casados. Além disso, o gráfico de barras representa o número de doentes com AVC e sem AVC em diferentes classes de estatuto social, como se mostra na Figura 4.8. Assim, o número de não casados é inferior ao de casados, tanto para os doentes com AVC

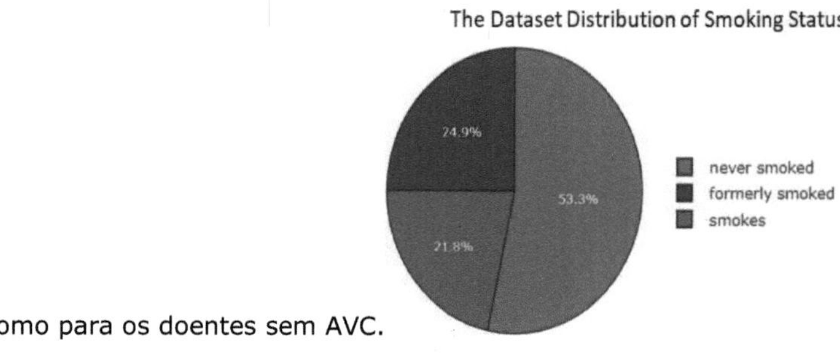

como para os doentes sem AVC.

Figure 4. SEQ Figure_4_ * ARABIC 9: The smoking status distribution.

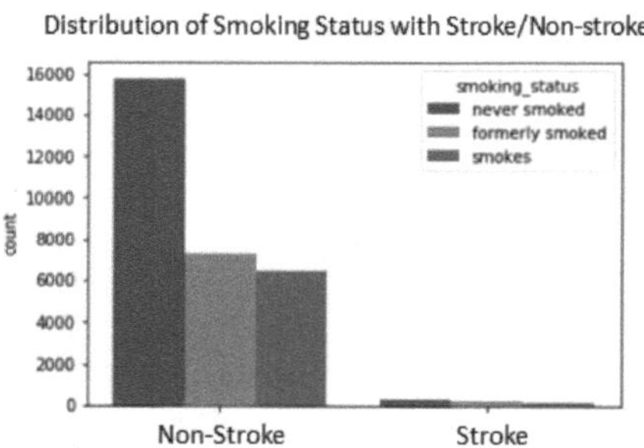

Tal como se mostra na Figura 4.9 acima, a variável do estado de fumador no conjunto de dados contém três categorias. A categoria nunca fumou tem 16053 doentes, o que corresponde a 53,3% de todos os doentes do conjunto de dados. A categoria de fumadores anteriores tem 7493 doentes, o que corresponde a 24,9% de todos os doentes do conjunto de dados. A categoria de fumadores tem 6562 doentes, o que corresponde a 21,8% de todos os doentes do conjunto de dados. Assim, a percentagem mais baixa de categorias de estado de fumador neste conjunto de dados é a categoria de fumadores. No entanto, parece que há 13292 dados em falta, que serão tratados na secção seguinte. Além disso, o gráfico de barras representa o número de doentes com AVC e sem AVC em diferentes categorias de tabagismo, como se pode ver na Figura 4.10. Assim, é evidente que o número de fumadores é inferior ao de não fumadores e ao de fumadores anteriores, tanto para os doentes com AVC como para os sem AVC.

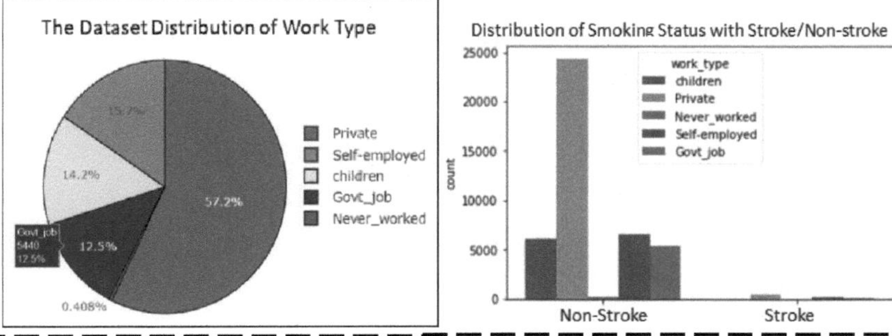

Como se pode ver na Figura 4.11 acima, a variável tipo de trabalho no conjunto de dados contém cinco categorias. A categoria privado tem 24834 doentes, o que corresponde a 57,2% de todos os doentes do conjunto de dados. A categoria trabalhador por conta própria tem 6793 doentes, o que corresponde a 15,7% de todos os doentes do conjunto de dados. A categoria crianças tem 6156 utentes, o que corresponde a 14,2% do total de utentes do conjunto de dados. A categoria de emprego público tem 5440 pacientes, o que corresponde a

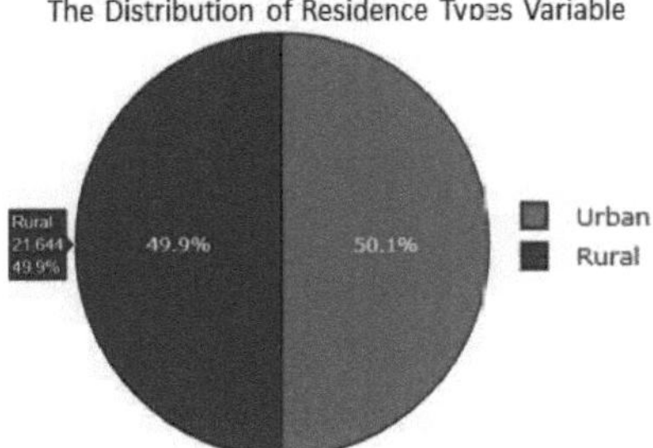

12,5% do total de pacientes do conjunto de dados. A categoria "nunca trabalhou" tem 177 pacientes, o que corresponde a 0,40% do total de pacientes do conjunto de dados. Assim, a percentagem mais baixa de categorias de tipo de trabalho neste conjunto de dados é a categoria nunca trabalhou. Além disso, como mostra a Figura 4.12, o gráfico de barras representa o número de acidentes vasculares cerebrais e de acidentes não cerebrais em diferentes categorias de tipo de trabalho.

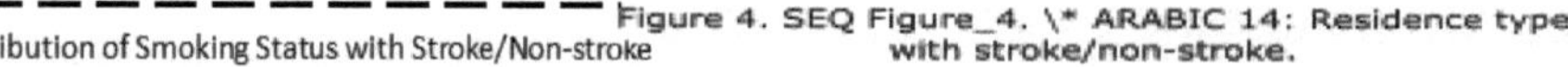

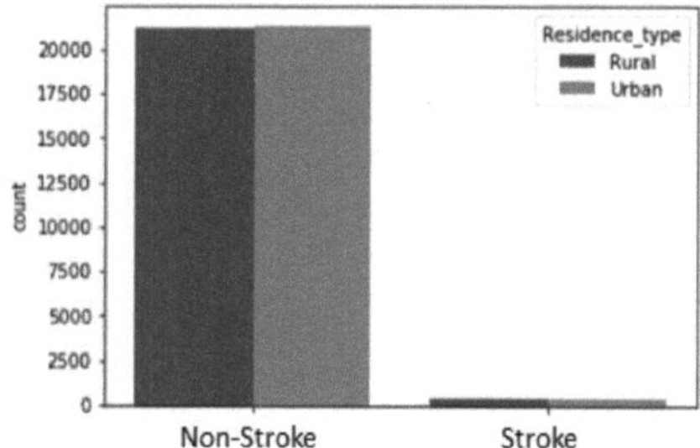

Figure 4. SEQ Figure_4. * ARABIC 14: Residence type with stroke/non-stroke.

Como se pode ver na Figura 4.13 acima, a variável do tipo de residência no conjunto de dados contém duas classes. A classe urbana tem 21756 doentes, o que corresponde a 50,1% de todos os doentes do conjunto de dados. A classe rural tem 21644 doentes, o que corresponde a 49,9% de todos os doentes do conjunto de dados. Assim, é evidente que tanto a classe rural como a urbana são aproximadamente semelhantes.

Além disso, como se pode ver na Figura 4.14, o gráfico de barras representa o número de doentes com e sem AVC. É evidente que tanto as zonas rurais como as urbanas têm um número aproximadamente semelhante de doentes com e sem AVC.

4.4 Pré-processamento de dados

O pré-processamento de dados [71] também é conhecido como limpeza e preparação do conjunto de dados, que é o processo de correção ou remoção das partes incompletas ou irrelevantes do conjunto de dados [71]. Neste estudo, foram efectuados vários tipos de pré-processamento de dados num conjunto de dados e preparados para a construção de modelos. A primeira fase do pré-processamento de dados é a eliminação da coluna ID do conjunto de dados, devido ao facto de a coluna ID ter uma caraterística irrelevante na classificação do AVC. Além disso, existem outras fases de pré-processamento de dados que são explicadas nas secções seguintes.

4.4.1 Dados em falta

Os dados em falta [72] ocorrem quando o valor dos dados da variável não é armazenado numa observação. Os dados em falta são comuns e podem ter um impacto significativo nas conclusões que podem ser retiradas do conjunto de dados [72]. Neste conjunto de dados, há 1462 valores em falta na variável IMC e 13292 valores em falta na variável estado de fumador, como se mostra na Figura 4.15.

```
gender                 0
age                    0
hypertension           0
heart_disease          0
ever_married           0
work_type              0
Residence_type         0
avg_glucose_level      0
bmi                 1462
smoking_status     13292
stroke                 0
dtype: int64
```

Figura 4.15: O número de valores em falta.

Assim, os valores em falta neste conjunto de dados foram tratados com uma imputação única [72]. As variáveis contínuas na variável IMC são imputadas através do preenchimento desses valores com a mediana dos valores globais. As variáveis categóricas numa variável de estatuto de fumador são imputadas preenchendo esses valores com a moda dos valores globais. Como se mostra na Figura 4.16.

```
gender                 0
age                    0
hypertension           0
heart_disease          0
ever_married           0
work_type              0
Residence_type         0
avg_glucose_level      0
bmi                    0
smoking_status         0
stroke                 0
dtype: int64
```

Figura 4.16: As caraterísticas depois de tratadas em falta.

4.4.2 Transformação de dados

A transformação de dados [73] consiste em converter os dados de um formato ou estrutura para outro formato ou estrutura [73]. Neste conjunto de dados, foram utilizados os dados codificados para variáveis categóricas e a normalização de dados para variáveis numéricas. O conjunto de dados tem cinco caraterísticas categóricas, como se mostra na Figura 4.17 abaixo.

stroke	smoking_status	bmi	avg_glucose_level	Residence_type	work_type	ever_married	heart_disease	hypertension	age	gender
0	never smoked	18.0	95.12	Rural	children	No	0	0	3.0	Male
0	never smoked	39.2	87.96	Urban	Private	Yes	0	1	58.0	Male
0	never smoked	17.6	110.89	Urban	Private	No	0	0	8.0	Female
0	formerly smoked	35.9	69.04	Rural	Private	Yes	0	0	70.0	Female
0	never smoked	19.1	161.28	Rural	Never_worked	No	0	0	14.0	Male

Figura 4.17: As caraterísticas categóricas do conjunto de dados antes da transformação.

A técnica LabelEncoder foi utilizada a partir de uma biblioteca sklearn.preprocessing em python para lidar com variáveis categóricas. O LabelEncoder é uma técnica eficaz para os modelos de classificadores. As cinco caraterísticas categóricas foram transformadas em valores numéricos, como se mostra na Figura 4.18.

stroke	smoking_status	bmi	avg_glucose_level	Residence_type	work_type	ever_married	heart_disease	hypertension	age	gender
0	1	18.0	95.12	0	4	0	0	0	3.0	1
0	1	39.2	87.96	1	2	1	0	1	58.0	1
0	1	17.6	110.89	1	2	0	0	0	8.0	0
0	0	35.9	69.04	0	2	1	0	0	70.0	0
0	1	19.1	161.28	0	1	0	0	0	14.0	1

Figura 4.18: As caraterísticas categóricas do conjunto de dados após a transformação.

Além disso, a normalização de dados para variáveis numéricas foi utilizada neste conjunto de dados. A normalização de dados [74] tem como objetivo alterar os valores das variáveis numéricas para uma escala comum. A normalização de vectores de variáveis para conjuntos de dados é o atributo de normalização de dados mais frequentemente utilizado para escalar as unidades originais das medidas dos dados [74].

4.4.3 Seleção de caraterísticas

A seleção de caraterísticas [75] consiste em selecionar uma determinada quantidade de caraterísticas significativas a partir de um grande número de caraterísticas globais. A seleção de caraterísticas tem sido utilizada para ignorar caraterísticas irrelevantes que podem diminuir o desempenho do processo de classificação e selecionar as caraterísticas significativas que melhoram a precisão e o desempenho do modelo de classificação [75]. Neste estudo, são aplicadas duas técnicas de seleção de caraterísticas, que são fáceis de utilizar e também dão bons resultados. Os pormenores de cada técnica são apresentados nas secções seguintes, que descrevem as técnicas de seleção de caraterísticas aplicadas.

4.4.3.1 Seleção univariada

Podem ser utilizados testes estatísticos para determinar quais as caraterísticas que têm a relação mais forte com a variável-alvo. A biblioteca scikit-learn em Python fornece a classe SelectKBest que pode ser utilizada com um conjunto de diferentes testes estatísticos para determinar um número específico de caraterísticas. Este método utiliza o teste estatístico do qui-quadrado (chi²) para caraterísticas não-negativas para selecionar as melhores caraterísticas do conjunto de dados. Os resultados das caraterísticas de correlação de força com o traço são apresentados na Figura 4.19.

```
Specs           Score
age  12694.866899                    1
avg_glucose_level    4808.046618     7
heart_disease     534.996642         3
hypertension     223.246768          2
ever_married      79.975909          4
bmi      29.990664                   8
gender       3.223822                0
work_type      2.767880              5
Residence_type       0.109270        6
```

Figura 4.19: Os resultados da força de correlação com a caraterística do traço.

4.4.3.2 Matriz de correlação com mapa de calor

A correlação indica a forma como as caraterísticas se relacionam entre si ou com a variável-alvo. A correlação pode ser positiva (um aumento de um valor de uma caraterística aumenta o valor da variável-alvo) ou negativa (um aumento de um valor da caraterística reduz o valor da variável-alvo) [76].

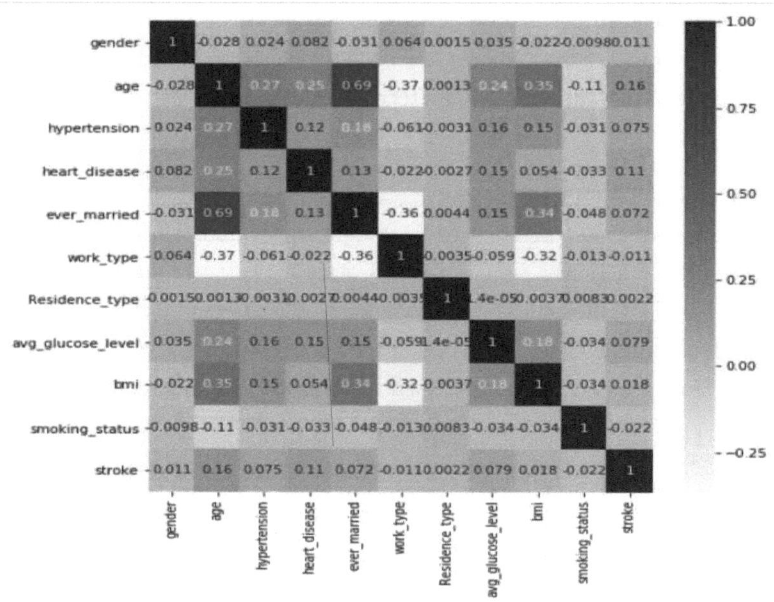

Figura 4.20: O mapa de calor das caraterísticas correlacionadas.

O mapa de calor facilita a determinação das caraterísticas mais relacionadas com a variável-alvo, traçando um mapa de calor de caraterísticas correlacionadas utilizando a biblioteca seaborn [75]. Como mostra a Figura 4.20, o mapa de calor das caraterísticas correlacionadas mostra que as caraterísticas mais fortemente correlacionadas com a caraterística AVC são a idade, a doença cardíaca, o nível médio de glucose, a hipertensão e o casamento.

Em conclusão, os métodos de seleção de caraterísticas permitem concluir que as caraterísticas mais significativas são a idade, a hipertensão, a doença cardíaca, o casamento, o nível médio de glicose e o IMC. No entanto, como o número de caraterísticas do conjunto de dados é limitado, os algoritmos de classificação serão aplicados a todas as caraterísticas e às caraterísticas selecionadas, para estudar o impacto da seleção de caraterísticas no processo de classificação. Se não houver alterações significativas no desempenho dos modelos entre os dois métodos, então utilizar-se-ão todas as caraterísticas para construir modelos de classificação com recurso a técnicas de dados desequilibrados.

Capítulo 5: Resultados

5.1   Introdução

O capítulo dos resultados aborda os pormenores da implementação e da avaliação das técnicas de dados desequilibrados e dos algoritmos de classificação utilizados neste estudo. As técnicas e os algoritmos de classificação foram implementados no ambiente de programação Jupyter Notebook, que é uma aplicação Web de código aberto que utiliza a linguagem de programação Python. Antes de construir o modelo de classificação, o conjunto de dados é dividido em duas partes: conjunto de treino e conjunto de teste. O conjunto de dados foi dividido em conjunto de treino e conjunto de teste utilizando a função train_test_split() d a biblioteca Scikit-learn. 80% dos dados foram selecionados aleatoriamente para treino (com resultados conhecidos), que contém resultados conhecidos e o modelo aprende com este subconjunto de dados. Os restantes 20% foram utilizados num conjunto de teste para testar a previsão do modelo neste subconjunto de dados, permitindo uma previsão imparcial através do teste do modelo em dados não vistos. Uma vez selecionados os algoritmos de classificação e o conjunto de dados de treino, os algoritmos aprendidos são avaliados. As medidas de sensibilidade, precisão, medida F1, AUC e exatidão equilibrada foram calculadas para classificar o conjunto de dados utilizando GNB, MLP, LR, SVM e o modelo de conjunto de votação, que combina estes quatro classificadores com seis técnicas de amostragem, nomeadamente RUS, ROS, SMOTE, ADASYN, SMOTETomek e SMOTEENN. Os resultados são apresentados em gráficos e curvas ROC. As secções deste capítulo estão ordenadas da seguinte forma:

- Implementação da técnica de dados desequilibrados (secção 5.2).
- Algoritmos de classificação Implementação (secção 5.3).
- Validação dos modelos (secção 5.4).
- Discussão dos resultados (secção 5.5).

5.2   Implementação de técnicas de dados desequilibrados

O conjunto de dados dos registos médicos electrónicos é um dado altamente desequilibrado. 783 é o número de doentes com AVC, enquanto o número de doentes sem AVC é 42617. Assim, estes dados são altamente desequilibrados, como se pode ver na Figura 5.1.

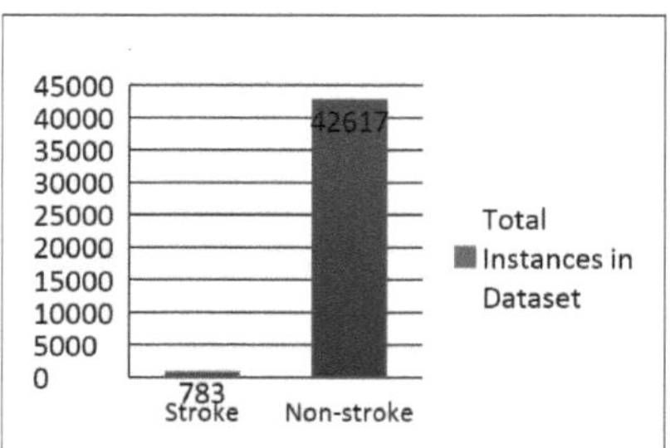

Um dos desafios emergentes nos processos de modelos de classificação é o problema do desequilíbrio das classes. Este estudo compara o desempenho das várias técnicas de dados desequilibrados para resolver problemas de dados desequilibrados. Os métodos de amostragem são os mais utilizados para lidar com dados desequilibrados. Os métodos de amostragem modificam o número de dados para proporcionar um melhor equilíbrio da distribuição das classes no conjunto de dados.

Tabela 5.1: Dados totais com a utilização de várias técnicas de dados desequilibrados.

Técnicas de dados desequilibradas		Acidente vascular cerebral	Sem acidente vascular cerebral
Subamostragem	RUS	783	817
Sobreamostragem	ROS	42,617	42,617
	SMOTE	42,617	42,617
	ADASYN	42,778	42,617
Amostragem híbrida	SMOTETomek	42,526	42,526
	SMOTEENN	41,724	35,533

O número de instâncias no conjunto de dados com a aplicação de várias técnicas de dados desequilibrados é apresentado na Tabela 5.1. As técnicas de dados desequilibrados dividem-se em subamostragem, sobreamostragem e amostragem híbrida e são analisadas em pormenor nas secções seguintes.

5.2.1   Técnicas de subamostragem

As técnicas de subamostragem eliminam e removem alguns dados da classe maioritária [77].

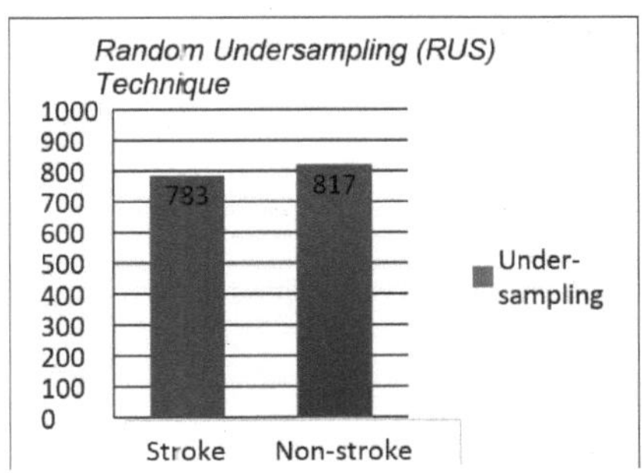

Figura 5.2: Dados totais com a utilização da técnica RUS.

O total de instâncias de doentes com AVC e sem AVC com a utilização da técnica de subamostragem aleatória é apresentado na Figura 5.2 acima. O RandomUnderSampler (RUS) é implementado utilizando o imbalanced-learn, que efectua a subamostragem de classes na maioria das classes, o que significa reduzir o número de instâncias de doentes sem AVC para 817 em vez de 42617. O parâmetro para random_state foi definido como
0 [77]. Neste estudo, foram aplicadas várias técnicas de amostragem para determinar qual delas era a melhor. Por conseguinte, as secções seguintes explicam os pormenores da aplicação de outras técnicas de amostragem.

5.2.2 Técnicas de sobreamostragem

As técnicas de sobreamostragem replicam ou criam novos elementos a partir da classe minoritária. As técnicas de sobreamostragem aleatória, de sobreamostragem sintética de minorias e de amostragem sintética adaptativa são implementadas no conjunto de dados desequilibrados e discutidas em pormenor nas secções seguintes:

5.2.2.1 Técnica de sobreamostragem aleatória (ROS)

A sobreamostragem aleatória (ROS) consiste em acrescentar aleatoriamente instâncias duplicadas da classe minoritária ao conjunto de dados original até ficarem equilibradas [78].

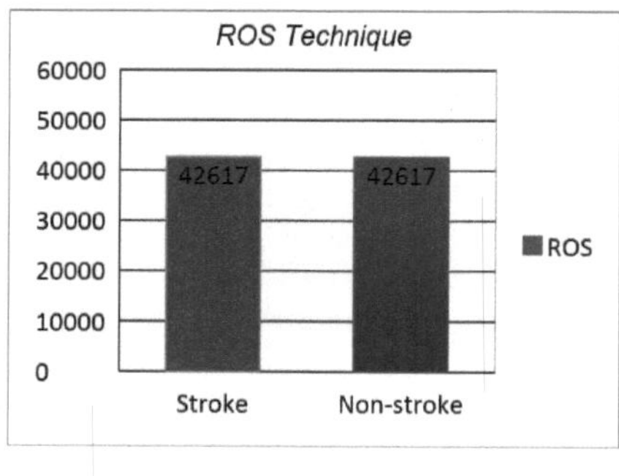

Figura 5.3: Dados totais com a utilização da técnica ROS.

O total de instâncias de doentes com AVC e sem AVC com a utilização da técnica ROS é apresentado na Figura 5.3 acima. O ROS é implementado utilizando o método imbalanced-learn, que efectua uma sobreamostragem de classes nas classes minoritárias, ou seja, aumenta o número de instâncias de doentes com AVC para 42617 em vez de 783. O parâmetro para random_state foi definido como 2 [78].

5.2.2.2 Técnica de sobreamostragem de minorias sintéticas (SMOTE)

A técnica SMOTE supera os desequilíbrios dos dados ao gerar dados artificiais da classe minoritária em vez de replicar ou adicionar aleatoriamente os exemplos [79].

Figura 5.4: Dados totais com a utilização da técnica SMOTE.

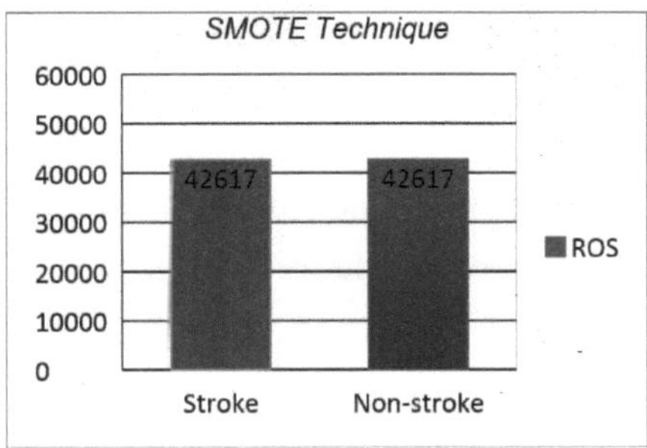

O total de instâncias de AVC e de não AVC com a utilização da técnica SMOTE é apresentado na Figura 5.4. A técnica SMOTE é implementada utilizando documentação de aprendizagem desequilibrada que efectua uma sobreamostragem de classes nas classes minoritárias, ou seja, aumenta o número de instâncias de doentes que têm AVC para 42617 em vez de 783. O parâmetro random_state foi definido como 2, que controla a distribuição aleatória do algoritmo, k_neighbors=3, que cria um exemplo sintético para obter K vizinhos da biblioteca sklearn.neighbors [79].

5.2.2.3   Técnica de amostragem sintética adaptativa (ADASYN)

A técnica ADASYN é uma versão melhorada do SMOTE. Faz o mesmo que o SMOTE, mas com algumas melhorias. Depois de criar estas amostras, adiciona valores aleatórios, tornando-as assim mais realistas [80].

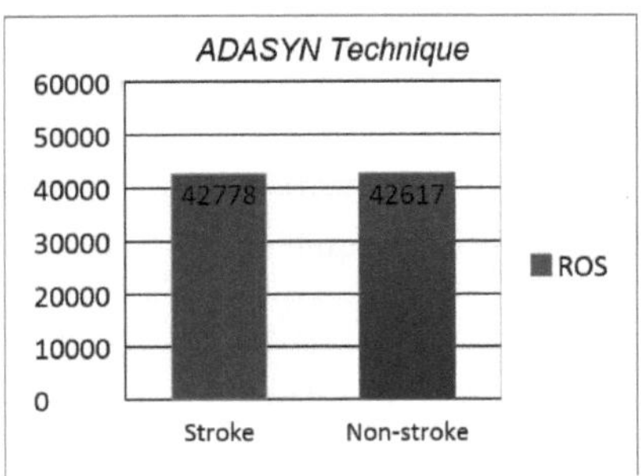

Figura 5.5: Dados totais com a utilização da técnica ADASYN.

O total de instâncias de doentes com AVC e sem AVC com a utilização do ADASYN é apresentado na Figura 5.5. O ADASYN é implementado utilizando documentação de aprendizagem desequilibrada que efectua uma sobreamostragem de classes nas classes minoritárias, o que significa aumentar o número de instâncias de pacientes que têm AVC para 42778 em vez de 783. O hiperparâmetro utilizado é o random_state = 0 [81].

5.2.3 Técnicas híbridas

As técnicas híbridas visam equilibrar o conjunto de dados através da fusão dos dois métodos, gerando amostras para a classe minoritária utilizando a técnica de sobreamostragem e, em seguida, removendo o ruído da classe minoritária utilizando a técnica de subamostragem para eliminar o sobreajuste [82].

5.2.3.1 Técnica SMOTE e ligações Tomek (SMOTETomek)

A técnica SMOTE e Tomek Links combina a subamostragem e a sobreamostragem. A sobreamostragem de classes aplica o SMOTE e é limpa utilizando as ligações Tomek [83].

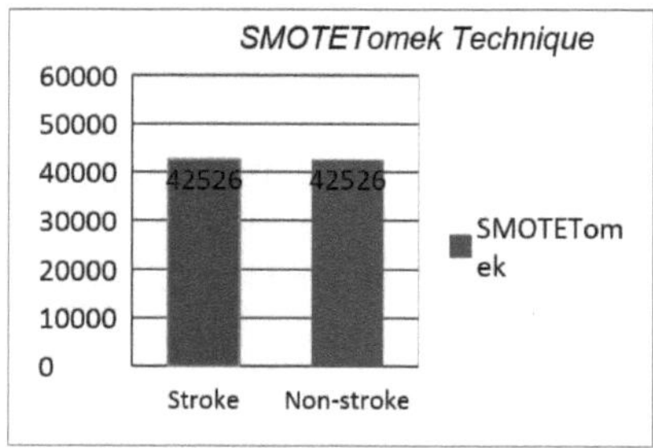

Figura 5.6: Dados totais com a utilização da técnica SMOTETomek.

O total de instâncias com e sem AVC utilizando a técnica SMOTETomek é apresentado na Figura 5.6 acima. O SMOTETomek é implementado utilizando documentação de aprendizagem desequilibrada. O hiperparâmetro utilizado é ratio=none [83].

5.2.3.2 Técnica SMOTE e vizinhos mais próximos editados (SMOTEENN)

A técnica SMOTEENN combina subamostragem e sobreamostragem utilizando SMOTE e Edited Nearest Neighbour (ENN). A sobreamostragem de classes é efectuada utilizando SMOTE e limpa utilizando ENN [84].

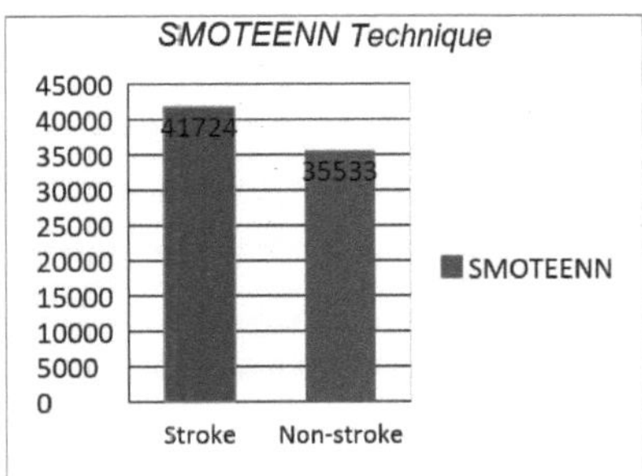

Figura 5.7: Dados totais com a utilização da técnica SMOTEENN.

O total de instâncias de acidentes vasculares cerebrais e de não acidentes vasculares cerebrais com a utilização da técnica SMOTEENN é apresentado na Figura 5.7. A técnica SMOTEENN é implementada utilizando o método imbalanced-learn. O hiper-parâmetro utilizado é ratio=none [84].

Todas as experiências anteriores de técnicas de dados desequilibrados são aplicadas a vários algoritmos de classificação que serão discutidos nas secções seguintes.

5.3 Implementação de algoritmos de classificação

5.3.1 Classificador Naïve Bayes

5.3.1.1 Hiperparâmetros

Os classificadores Naive Bayes (NB) têm os seguintes hiperparâmetros:

Parâmetros Bernoulli Naive Bayes (BNB) [85]:

- Alfa: parâmetro de suavização aditivo.
- Binarizar: Limiar para binarizar as caraterísticas da amostra. Parâmetros do Complemento Naive Bayes (CNB) [86]:
- Alfa: parâmetro de suavização aditivo.
- Norm: se é efectuada ou não uma segunda normalização dos pesos.

Parâmetros de Gaussian Naive Bayes (GNB) [87]:

- Priores: probabilidades anteriores para as classes.
- var_smoothing: parte da maior variância de todas as caraterísticas adicionada às variâncias para calcular a estabilidade.

5.3.1.2 Configuração experimental e resultados utilizando o classificador Naïve Bayes O primeiro algoritmo treinado é o Naive Bayes, que assume a independência entre as caraterísticas. Uma vez que o Naïve Bayes tem vários tipos de algoritmos, são treinados e selecionados três tipos com base na natureza dos nossos dados, uma vez que estes têm muitos valores binários, não são normalmente distribuídos e têm dados desequilibrados. Depois de treinados e avaliados, os três algoritmos foram comparados entre si para ver qual deles tem melhor desempenho.

O primeiro algoritmo Naïve Bayes, Bernoulli Naïve Bayes (BNB), foi treinado com os dados de treino e os parâmetros foram ajustados como 1,0 alfa como parâmetro de suavização, zero de binarização das caraterísticas da amostra e nenhuma probabilidade prévia das classes. Os resultados do classificador BNB são apresentados na Tabela 5.2.

Tabela 5.2: Desempenho do classificador BNB utilizando técnicas de dados desequilibrados.

Métodos de amostragem		Equilíbrio d Precisão	Sensibilidade	Precisão	F1-scor e	AUC
Subamostragem	RUS	64.37%	51.82%	70.24%	59.64%	64.00%
Sobreamostragem	ROS	65.70%	59.89%	67.93%	63.66%	66.00%
	SMOTE	65.24%	60.19%	67.15%	63.48%	65.00%
	ADASYN	65.77%	61.25%	67.62%	64.28%	66.00%
Híbrido amostragem	SMOTETomek	65.39%	60.05%	66.79%	63.24%	65.00%
	SMOTEENN	66.50%	75.73%	68.20%	71.77%	67.00%

A partir da Tabela 5.2, conclui-se que o desempenho do classificador BNB varia consoante as técnicas de amostragem utilizadas. O classificador BNB com a técnica SMOTEENN supera as outras técnicas de amostragem na sua capacidade de aumentar o desempenho em todas as métricas de avaliação utilizadas neste estudo. A técnica SMOTEENN teve o melhor desempenho nos resultados de sensibilidade (75,73%), F1-score (71,77%), precisão (68,20%), AUC (67,00%) e exatidão equilibrada (66,50%), respetivamente.

O segundo algoritmo de Naïve Bayes, o Complement Naïve Bayes (CNB), foi treinado e construído com 1,0 alfa como parâmetro de suavização, as probabilidades prévias das classes são nulas e falsas para o parâmetro de norma. Os resultados do classificador CNB são apresentados na Tabela 5.3.

Tabela 5.3: Desempenho do classificador CNB utilizando técnicas de dados desequilibrados.

Métodos de amostragem		Saldo d Exatidão	Sensibilidade	Precisão	F1-scor e	AUC
Subamostragem	RUS	67.37%	73.25%	68.85%	70.98%	67.00%
Sobreamostrage m	ROS	69.81%	74.14%	68.39%	71.15%	70.00%
	SMOTE	72.42%	78.20%	70.29%	74.03%	72.00%
	ADASYN	71.96%	76.87%	70.27%	73.42%	72.00%
Amostragem híbrida	SMOTETomek	72.90%	78.75%	70.09%	74.17%	73.00%
	SMOTEENN	75.88%	81.70%	76.77%	79.16%	76.00%

A partir da Tabela 5.3, conclui-se que o desempenho do classificador BNC varia consoante as técnicas de amostragem utilizadas. O classificador CNB com a técnica SMOTEENN supera as outras técnicas de amostragem na sua capacidade de aumentar o desempenho em todas as métricas de avaliação utilizadas neste estudo. A medida de sensibilidade obteve um desempenho mais elevado em comparação com outras métricas de avaliação. O desempenho superior da sensibilidade foi de (81,70%), enquanto a pontuação F1 foi de (79,16%), a precisão (76,77%), a AUC 76% e a exatidão equilibrada (75,88%).

O terceiro algoritmo Naïve Bayes, o Gaussian Naïve Bayes (GNB), foi treinado com os dados de treino e os parâmetros foram ajustados como var_smoothing é 1e-09 e priors é nenhum como probabilidades para as classes. Os resultados do classificador GNB estão tabulados na Tabela 5.4 abaixo.

Tabela 5.4: Desempenho do classificador GNB utilizando técnicas de dados desequilibrados.

Métodos de amostragem		Equilíbrio d Precisão	Sensibilidade	Precisão	F1-scor e	AUC
Subamostragem	RUS	68.43%	72.67%	70.22%	71.42%	72.00%
Sobreamostrage m	ROS	75.33%	76.44%	74.38%	75.40%	75.00%
	SMOTE	77.92%	84.46%	74.65%	79.25%	78.00%
	ADASYN	77.57%	85.51%	74.42%	79.58%	78.00%
Amostragem híbrida	SMOTETomek	78.45%	84.86%	74.30%	79.23%	78.00%
	SMOTEENN	81.28%	86.01%	81.24%	83.56%	81.00%

A partir da tabela 5.4 acima, conclui-se que o desempenho do classificador GNB varia consoante as técnicas de amostragem utilizadas. O classificador GNB com a técnica SMOTEENN supera as outras técnicas de dados desequilibrados na sua capacidade de aumentar o desempenho em todas as métricas de avaliação utilizadas neste estudo.

Além disso, ao comparar os resultados do algoritmo GNB com os dos algoritmos BNB e CNB, conclui-se que o desempenho do algoritmo GNB em todas as técnicas de amostragem é superior a todos os resultados dos algoritmos BNB e CNB. Para clarificar, o desempenho mais elevado nas técnicas de amostragem do BNB atingiu (75,73%) e o do CNB atingiu (81,70%), enquanto o desempenho mais elevado nas técnicas de amostragem do GNB saltou para (86,01%). Assim, uma vez que o algoritmo GNB é o de melhor desempenho, os seus resultados são comparados na Figura 5.8.

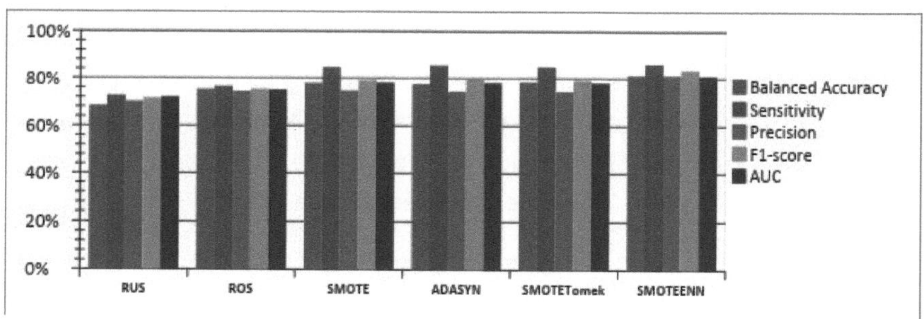

Figura 5.8: Desempenho do Naïve Bayes gaussiano.

Como se pode ver na Figura 5.8, o desempenho do classificador GNB com a técnica SMOTEENN tem uma sensibilidade de (86,01%), enquanto a exatidão equilibrada foi de (81,28%), a pontuação F1 foi de (83,56%), a precisão foi de (81,24%) e a AUC foi de (81%). Assim, a medida de sensibilidade superou as outras métricas de avaliação que foram utilizadas neste estudo. Além disso, a técnica SMOTEENN superou as outras técnicas de dados desequilibrados.

5.3.2 Classificador Perceptron Multilayer

5.3.2.1 Hiperparâmetros

O classificador Multilayer Perceptron (MLP) tem os seguintes hiper-parâmetros [88]:

• Solver: destina-se à otimização do peso. A opção de solver: 'adam' para grandes conjuntos de dados. O solver 'sgd' para pequenos conjuntos de dados. No entanto, o 'lbfgs' pode convergir melhor e mais rapidamente.

• Hidden_layer_sizes: o número de neurónios nas camadas ocultas.

• learning_rate: calendário para a atualização dos pesos. Estes podem ser "constante", "invscaling" ou "acaptativo".

• Ativação: a função da camada oculta; estas são identidade, logística, tanh ou relu.

5.3.2.2 Configuração experimental e resultados utilizando o classificador MLP

O classificador MLP foi treinado com dados de treino e foi efectuada uma pesquisa em grelha no espaço de parâmetros e selecionados os parâmetros óptimos que permitiram obter o melhor desempenho do estimador para o classificador MLP. Os parâmetros foram ajustados como (100,) para o número de neurónios na camada oculta, com a função de ativação "relu", o solucionador "adam" para a otimização dos pesos e a taxa de aprendizagem constante das actualizações dos pesos. Os resultados do classificador MLP são apresentados na Tabela 5.5.

Tabela 5.5: O desempenho do classificador MLP com a utilização de técnicas de dados desequilibrados.

Métodos de amostragem		Equilíbrio d Precisão	Sensibilidade	Precisão	F1-scor e	AUC
Subamostragem	RUS	76.52%	78.04%	76.64%	77.34%	75.00%
Sobreamostragem	ROS	79.12%	92.23%	72.98%	81.49%	80.00%
	SMOTE	84.65%	90.16%	80.91%	85.29%	83.00%
	ADASYN	83.35%	88.51%	79.93%	84.00%	84.00%
Amostragem híbrida	SMOTETomek	84.55%	84.93%	84.18%	84.55%	83.00%
	SMOTEENN	86.28%	92.57%	84.84%	88.54%	86.00%

A partir da Tabela 5.5 acima, conclui-se que o desempenho do classificador MLP varia consoante as técnicas de amostragem utilizadas. O classificador MLP com a técnica SMOTEENN foi superior às outras técnicas de amostragem na sua capacidade de aumentar o desempenho em todas as métricas de avaliação utilizadas neste estudo. Os resultados do classificador MLP são apresentados comparativamente na Figura 5.9.

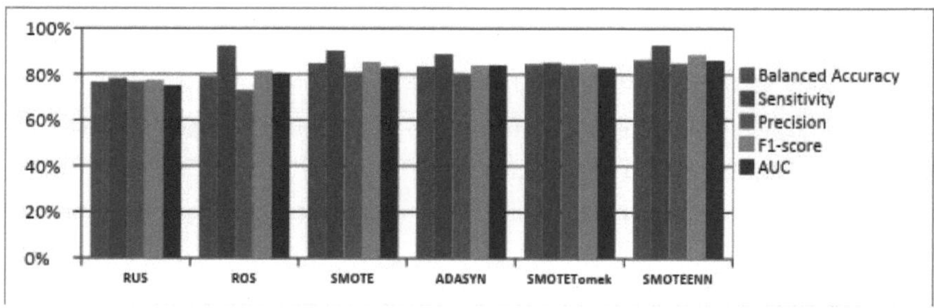

Figura 5.9: Desempenho do perceptron multicamada.

Como se pode ver na Figura 5.9, o desempenho do classificador MLP com a técnica SMOTEENN tem uma sensibilidade de (92,57%) e o desempenho do classificador MLP com a técnica ROS tem uma sensibilidade de (92,23%). Assim, a técnica SMOTEENN,

seguida da técnica ROS, superou as outras técnicas de dados desequilibrados.

5.3.3 Regressão logística

5.3.3.1 Hiperparâmetros para o classificador LR

O classificador de Regressão Logística (LR) tem os seguintes hiper-parâmetros [89]:

• class_weight: pesos associados às classes. Se não for nenhum, todas as classes têm peso um.

• Penalização: utilizada para especificar a norma na penalização.

• Solver: algoritmo utilizado para o problema de otimização. A opção 'liblinear' para conjuntos de dados pequenos, enquanto 'saga' e 'sag' são mais rápidos para conjuntos de dados grandes.

• multi_class: Se a opção escolhida for 'auto', então auto seleciona 'ovr' se os dados forem binários ou se solver='liblinear', e caso contrário será selecionado 'multinomial'.

• random_state: gerador de números aleatórios a utilizar quando os dados são baralhados

.

5.3.3.2 Configuração experimental e resultados utilizando o classificador LR

O classificador LR foi treinado com dados de treino e foi efectuada uma pesquisa em grelha no espaço de parâmetros, tendo sido selecionados os parâmetros óptimos que permitiram obter o melhor desempenho do estimador para o modelo de regressão logística. Os parâmetros foram ajustados como o solucionador "sag" para otimizar o problema multiclasse e a penalização L1, o peso equilibrado para cada uma das classes e o tipo "auto" para os parâmetros multiclasse. Os resultados do classificador LR são apresentados na Tabela 5.6.

Tabela 5.6: O desempenho do classificador LR utilizando técnicas de dados desequilibrados.

Métodos de amostragem		Equilíbrio d Precisão	Sensibilidade	Precisão	F1-scor e	AUC
Subamostragem	RUS	73.41%	77.90%	74.44%	76.13%	77.00%
Sobreamostragem	ROS	75.73%	80.53%	74.76%	77.54%	77.00%
	SMOTE	79.82%	81.87%	78.76%	80.29%	80.00%
	ADASYN	79.34%	82.36%	77.86%	80.05%	79.00%
Amostragem híbrida	SMOTETomek	80.09%	83.13%	78.03%	80.50%	80.00%
	SMOTEENN	83.44%	87.77%	82.89%	85.26%	84.00%

A partir da Tabela 5.6, conclui-se que o desempenho do classificador de regressão logística varia consoante as técnicas de amostragem utilizadas. O classificador LR com a técnica SMOTEENN foi superior às outras técnicas de amostragem na sua capacidade de aumentar o desempenho em todas as métricas de avaliação que foram utilizadas neste estudo. A comparação dos resultados é apresentada na Figura 5.10.

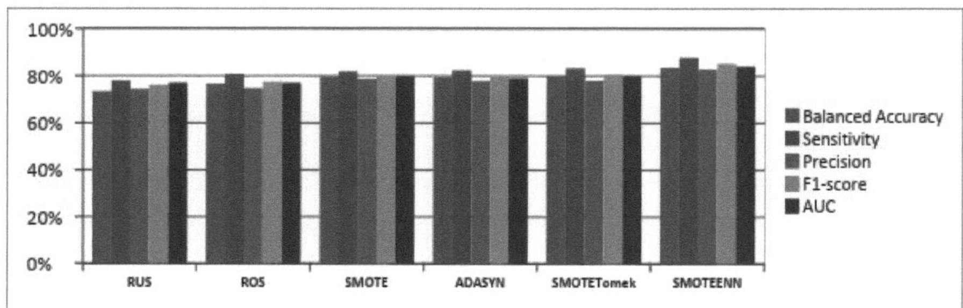

Figura 5.10: Desempenho da regressão logística.

Como mostra a Figura 5.10, o classificador LR com a técnica SMOTEENN tem uma sensibilidade de (87,77%), enquanto a exatidão equilibrada foi de (83,44%), a precisão foi de (82,89%), a pontuação F1 foi de (85,26%) e a AUC foi de (84%). Assim, a medida de sensibilidade superou as outras métricas de avaliação que foram utilizadas neste estudo. Além disso, a técnica SMOTEENN superou as outras técnicas de dados desequilibrados.

5.3.4 Classificador de máquinas de vetor de suporte

5.3.4.1 Hiperparâmetros

O classificador Support Vetor Machines (SVM) tem os seguintes hiper-parâmetros [90], [91]:

• C: o custo da classificação incorrecta. Um C elevado dá uma variância elevada e um enviesamento baixo. O enviesamento é baixo porque penaliza muito o custo da classificação incorrecta. O oposto, se C for pequeno, dá uma variância mais baixa e um enviesamento mais elevado.

• Kernel: é uma das opções como 'linear', 'poly', 'sigmoid', 'rbf' ou 'precomputed'. É possível experimentar vários tipos para obter o mais adequado.

• Gama: determina até que ponto a influência do exemplo de treino chega, sendo que valores elevados significam "perto" e valores baixos significam "longe". Quando o valor de gama é muito pequeno, o modelo é limitado. Se gama for demasiado grande, o raio de influência da área do vetor de suporte apenas contém o próprio vetor de suporte e nenhuma quantidade de regularização com C é capaz de evitar o sobreajuste.

• Degree: grau da função de núcleo polinomial 'poly'. Isto significa que é ignorado por todos os outros tipos de kernels.

5.3.4.2 Configuração experimental e resultados utilizando o classificador SVM

O classificador SVM foi treinado com dados de treino e foi efectuada uma pesquisa em grelha sobre a afinação dos hiperparâmetros para selecionar os parâmetros óptimos que permitiram obter o melhor desempenho do estimador SVM. O parâmetro C é 10 dos termos de erro, 'rbf'

para o tipo de kernel e o gamma é 1 com 3 graus de função. Os resultados do classificador SVM são apresentados na Tabela 5.7.

Tabela 5.7: Desempenho do classificador SVM utilizando técnicas de dados desequilibrados

Técnicas de dados desequilibradas		Equilíbrio d Precisão	Sensibilida de	Precisão	F1-scor e	AUC
Subamostragem	RUS	72.88%	80.23%	73.01%	76.45%	75.00%
Sobreamostrage m	ROS	78.12%	83.87%	75.12%	79.25%	77.00%
	SMOTE	78.53%	85.20%	75.21%	79.89%	79.00%
	ADASYN	77.95%	85.47%	74.67%	79.71%	78.00%
Amostragem híbrida	SMOTETomek	78.55%	86.35%	74.32%	79.89%	79.00%
	SMOTEENN	82.20%	91.19%	80.08%	85.27%	82.00%

A partir da Tabela 5.7 acima, conclui-se que o desempenho dos classificadores SVM varia consoante as técnicas de amostragem utilizadas. O classificador SVM com a técnica SMOTEENN foi superior às outras técnicas de amostragem na sua capacidade de aumentar o desempenho em todas as métricas de avaliação utilizadas neste estudo. A comparação dos resultados é apresentada na Figura 5.11.

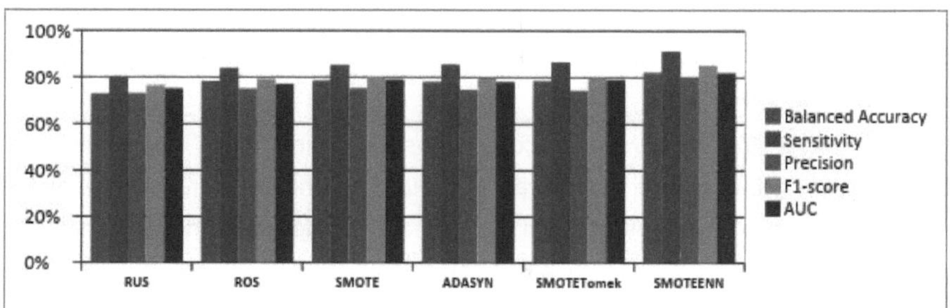

Figura 5.11: Desempenho da máquina de vectores de suporte.

Como se pode ver na Figura 5.11, o desempenho do classificador SVM com a técnica SMOTEENN tem uma sensibilidade de (91,19%), enquanto a exatidão equilibrada foi de (82,20%), a precisão foi de (80,08), a pontuação F1 foi de (85,27%) e a AUC foi de (82%). Assim, a pontuação de sensibilidade superou as outras métricas de avaliação que foram utilizadas neste estudo. Além disso, a técnica SMOTEENN superou as outras técnicas de dados desequilibrados.

5.3.5 Classificador de votação em conjunto

5.3.5.1 Hiperparâmetros

O classificador de votação em conjunto tem os seguintes hiper-parâmetros [92]:

- Estimadores: lista de tuplas de estimadores para vários classificadores.

- Votação: opções rígidas ou flexíveis. Se for 'hard', prediz a etiqueta da classe final quando vários classificadores predizem mais frequentemente a classe. Caso contrário, se for 'soft', prevê as etiquetas da classe através da média das probabilidades da classe.

5.3.5.2 Configuração experimental e resultados utilizando o classificador de votação em conjunto

O classificador de votação de conjunto combinou os classificadores GNB, MLP, LR e SVM para prever o resultado final. O classificador com melhor desempenho foi selecionado por votação com a utilização da classe de classificador de votação do sklearn.ensemble. Os parâmetros foram ajustados como 'hard' para o tipo de votação. Os resultados do modelo de conjunto estão tabelados na Tabela 5.8.

Tabela 5.8: Os desempenhos da votação em conjunto utilizando técnicas de dados desequilibrados.

Métodos de amostragem		Equilíbrio d Precisão	Sensibilidade	Precisão	F1-scor e	AUC
Subamostragem	RUS	76.44%	81.09%	75.14%	78.00%	76.00%
Sobreamostrage m	ROS	77.42%	78.35%	76.84%	77.58%	77.00%
	SMOTE	80.80%	80.82%	80.75%	80.78%	81.00%
	ADASYN	80.55%	82.83%	79.07%	80.91%	80.00%
Amostragem híbrida	SMOTETomek	81.37%	84.43%	79.43%	81.85%	81.00%
	SMOTEENN	85.07%	88.07%	85.60%	86.82%	85.00%

A partir da Tabela 5.8, conclui-se que o desempenho dos classificadores de votação em conjunto varia consoante as técnicas de amostragem utilizadas. O classificador de votação em conjunto com a técnica SMOTEENN foi superior às outras técnicas de amostragem na sua capacidade de aumentar o desempenho em todas as métricas de avaliação utilizadas neste estudo. A comparação dos resultados é apresentada na Figura 5.12.

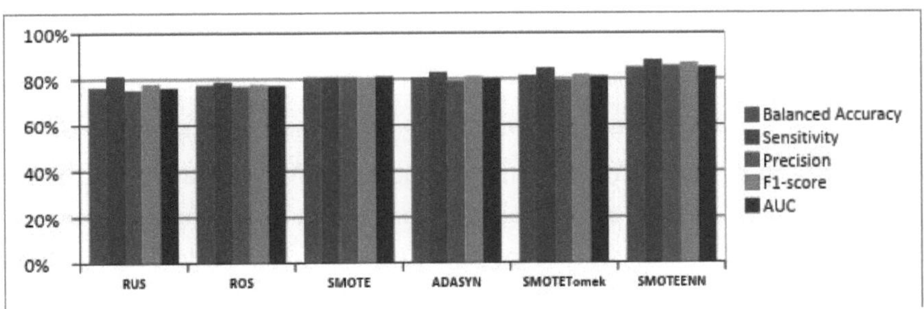

Figura 5.12: Desempenho do classificador de votação em conjunto.

Como mostra a Figura 5.12, o desempenho do classificador de votação em conjunto com a técnica SMOTEENN tem uma sensibilidade de (88,07%), enquanto a exatidão equilibrada foi de (85,07%), a precisão foi de (85,60%), a pontuação F1 foi de (86,82%) e a AUC foi de (85%). Assim, a medida de sensibilidade superou as outras métricas de avaliação que foram utilizadas neste estudo. Além disso, a técnica SMOTEENN superou as outras técnicas de dados desequilibrados.

5.4　　　Validação do modelo de classificação

A validação do modelo [93] refere-se ao processo em que um modelo treinado é avaliado com um conjunto de dados de teste. O conjunto de dados de teste é uma parte separada do mesmo conjunto de dados do qual o conjunto de treino foi derivado. O principal objetivo da utilização de um conjunto de dados de teste é testar a generalização de um modelo treinado [93]. A validação do modelo é efectuada depois de o modelo ser treinado, conforme ilustrado na Figura 5.13.

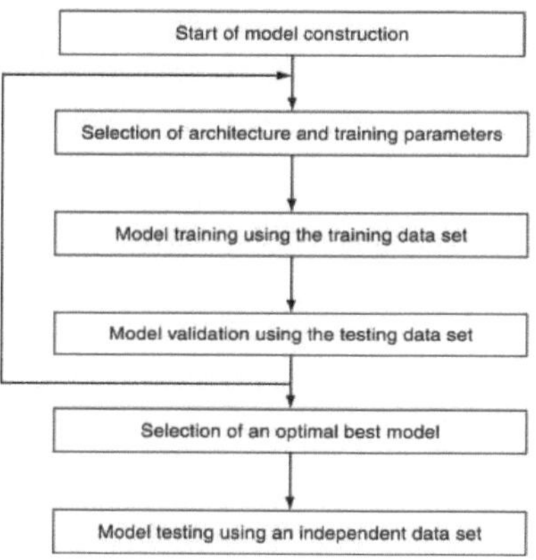

Figura 5.13: Validação do modelo de classificação [93].

A validação do modelo visa determinar um modelo ótimo e evitar o sobreajuste [93]. Quando um modelo é treinado com base em dados, começa a aprender com o ruído e as entradas de dados imprecisas no conjunto de dados. Nesse caso, o modelo não classifica corretamente os dados, devido a muito ruído. As razões para o sobreajuste são os métodos não lineares e não paramétricos, porque estes tipos de algoritmos de aprendizagem automática têm mais liberdade para construir o modelo com base no conjunto de dados e, por conseguinte, podem construir modelos irrealistas. A solução para evitar o sobreajuste consiste em utilizar parâmetros como a profundidade máxima aquando da aplicação de árvores de decisão [94].

Nas secções seguintes, os modelos de classificadores são validados para verificar qual o modelo com melhor desempenho e, em seguida, determinar se os modelos estão ou não a ser sobreajustados. Os

Os modelos previram o conjunto de teste não visto de forma semelhante ao conjunto de treino, utilizando a pontuação de precisão equilibrada do sklearn.metrics.

5.4.1 Validação do modelo Naïve Bayes

A validação do modelo Gaussian Naïve Bayes (GNB) tem por objetivo utilizar a medida de precisão equilibrada para evitar o sobreajuste e encontrar o melhor desempenho, como se mostra na Tabela 5.9.

Tabela 5.9: Desempenho do modelo GNB utilizando a medida de exatidão equilibrada.

Conjunto de dados desequilibrado		Conjunto de teste	Conjunto de comboios
Conjunto de dados original desequilibrado		55.14 %	54.64 %
Seleção de caraterísticas em dados desequilibrados		64.37 %	62.28 %
Técnicas de dados desequilibrados		**Conjunto de teste**	**Conjunto de comboios**
Subamostragem	RUS	68.43%	75.96%
Sobreamostragem	ROS	75.33%	75.43%
	SMOTE	77.92%	78.12%
	ADASYN	77.57%	77.73%
Amostragem híbrida	SMOTETomek	78.45%	75.96%
	SMOTEENN	81.28%	81.23%

Como mostra a Tabela 5.9, o modelo GNB com o conjunto de dados desequilibrado original foi de 55,14% no conjunto de teste e 54,64% no conjunto de treino. O modelo GNB com a seleção de caraterísticas no conjunto desequilibrado foi de 64,37% no conjunto de teste e de 62,28% no conjunto de treino. O modelo GNB com a técnica RUS foi de 68,43% no conjunto de teste e de 75,96% no conjunto ce treino. O modelo GNB com a técnica ROS obteve 75,33% no conjunto de teste e 75,43% no conjunto de treino. O modelo GNB com a técnica SMOTE obteve 77,92% no conjunto de teste e 78,12% no conjunto de treino. O modelo GNB com a técnica ADASYN obteve 77,57% no conjunto de teste e 77,73% no conjunto de treino. O modelo GNB com a técnica SMOTETomek obteve 78,45% no conjunto de teste e 75,96% no conjunto de treino. O classificador GNB com a técnica SMOTEENN obteve 81,28% no conjunto de teste e 81,23% no conjunto de treino.

Por conseguinte, conclui-se que a pontuação de exatidão equilibrada no classificador GNB com todas as técnicas de amostragem foi aproximadamente semelhante nos conjuntos de treino e de teste. Assim, o sobreajuste não ocorre quando se aplica o classificador GNB com diferentes técnicas de dados desequilibrados.

5.4.2 Validação do modelo Multilayer Perceptron

A validação do modelo Multilayer perceptron (MLP) tem como objetivo utilizar a medida de precisão equilibrada para evitar o sobreajuste e encontrar o melhor desempenho, como se mostra na Tabela

5.10 abaixo.

Tabela 5.10: Desempenho do modelo MLP utilizando a medida de exatidão equilibrada.

Conjunto de dados desequilibrado		Conjunto de teste	Conjunto de comboios
Conjunto de dados original desequilibrado		56%	57%
Seleção de caraterísticas em dados desequilibrados		56%	58%
Técnicas de dados desequilibrados		Conjunto de teste	Conjunto de comboios
Subamostragem	RUS	76.52%	78.16%
Sobreamostragem	ROS	79.12%	80.03%
	SMOTE	84.65%	81.99%
	ADASYN	83.35%	83.66%
Amostragem híbrida	SMOTETomek	84.55%	83.76%
	SMOTEENN	86.28%	87.08%

Como mostra a Tabela 5.10, o modelo MLP com o conjunto de dados desequilibrado original foi de 55% no conjunto de teste e 57% no conjunto de treino. O modelo MLP com a seleção de caraterísticas no conjunto de dados desequilibrado foi de 56% no conjunto de teste e 58% no conjunto de treino. O modelo MLP com a técnica RUS obteve 76,52% no conjunto de teste e 78,16% no conjunto de treino. O modelo MLP com a técnica ROS obteve 79,12% no conjunto de teste e 80,03% no conjunto de treino. O modelo MLP com a técnica SMOTE obteve 84,65% no conjunto de teste e 81,99% no conjunto de treino. O modelo MLP com a técnica ADASYN obteve 83,35% no conjunto de teste e 83,66% no conjunto de treino. O modelo MLP com a técnica SMOTETomek obteve 84,55% no conjunto de teste e 83,76% no conjunto de treino. O modelo MLP com a técnica SMOTEENN obteve 86,28% no conjunto de teste e 87,08% no conjunto de treino.

Por conseguinte, conclui-se que a pontuação de exatidão equilibrada no modelo do classificador MLP com todas as técnicas de amostragem foi aproximadamente semelhante nos conjuntos de treino e de teste. Assim, o sobreajuste não ocorre quando se aplica o modelo MLP com diferentes técnicas de dados desequilibrados.

5.4.3   Validação do modelo de regressão logística

A validação do modelo de regressão logística (LR) tem por objetivo utilizar a precisão equilibrada para evitar o sobreajuste e encontrar o melhor desempenho, como se mostra na Tabela 5.11.

Tabela 5.11: Desempenho do modelo LR utilizando a medida de exatidão equilibrada.

Conjunto de dados desequilibrado		Conjunto de teste	Conjunto de comboios
Conjunto de dados original desequilibrado		49 %	48 %
Seleção de caraterísticas em dados desequilibrados		50 %	48 %
Técnicas de dados desequilibrados		**Conjunto de teste**	**Conjunto de comboios**
Subamostragem	RUS	73.41%	77.78%
Sobreamostragem	ROS	76.73%	74.79%
	SMOTE	79.82%	77.70%
	ADASYN	79.34%	78.79%
Amostragem híbrida	SMOTETomek	80.09%	82.90%
	SMOTEENN	83.44%	83.35%

Como mostra a Tabela 5.11, o modelo LR com o conjunto de dados desequilibrado original foi de 49% no conjunto de teste e 48% no conjunto de treino. O modelo LR com a seleção de caraterísticas no conjunto de dados desequilibrado foi de 50% no conjunto de teste e 48% no conjunto de treino. O modelo LR com a técnica RUS foi de 73,41% no conjunto de teste e de 77,78% no conjunto de treino. O modelo LR com a técnica ROS foi de 76,73% no conjunto de teste e de 74,79% no conjunto de treino. O modelo LR com a técnica SMOTE foi de 79,82% no conjunto de teste e de 77,70% no conjunto de treino. O modelo LR com a técnica ADASYN foi de 79,34% no conjunto de teste e 78,79% no conjunto de treino. O modelo LR com a técnica SMOTETomek obteve 80,09% no conjunto de teste e 82,90% no conjunto de treino. O modelo LR com a técnica SMOTEENN foi de 83,44% no conjunto de teste e de 83,35% no conjunto de treino. Por conseguinte, conclui-se que a pontuação de precisão equilibrada no classificador LR com todas as técnicas de amostragem foi aproximadamente semelhante nos conjuntos de treino e de teste. Assim, o sobreajuste não ocorre quando se aplica o modelo LR com as técnicas de dados desequilibrados.

5.4.4   Validação do modelo de máquinas de vectores de suporte

A validação do modelo de máquina de vectores de apoio (SVM) tem por objetivo utilizar a medida de precisão equilibrada para evitar o sobreajuste e encontrar o melhor desempenho, como se mostra na Tabela 5.12.

Tabela 5.12: Desempenho do modelo SVM utilizando a medida de exatidão equilibrada.

Conjunto de dados desequilibrado		Conjunto de teste	Conjunto de comboios
Conjunto de dados original desequilibrado		50 %	47 %
Seleção de caraterísticas em dados desequilibrados		50 %	49 %
Técnicas de dados desequilibrados		Conjunto de teste	Conjunto de comboios
Subamostragem	RUS	72.88%	76.81%
Sobreamostragem	ROS	78.12%	77.24%
	SMOTE	78.53%	74.69%
	ADASYN	77.95%	73.21%
Amostragem híbrida	SMOTETomek	78.55%	77.70%
	SMOTEENN	82.20%	84.17%

Como mostra a Tabela 5.12, o modelo SVM com o conjunto de dados desequilibrado original foi de 50% no conjunto de teste e 47% no conjunto de treino. O modelo SVM com seleção de caraterísticas no conjunto de dados desequilibrado foi de 50% no conjunto de teste e 49% no conjunto de treino. O modelo SVM com a técnica RUS obteve 72,88% no conjunto de teste e 76,81% no conjunto de treino. O modelo SVM com a técnica ROS obteve 78,12% no conjunto de teste e 77,24% no conjunto de treino. O modelo SVM com a técnica SMOTE obteve 78,53% no conjunto de teste e 74,69% no conjunto de treino. O modelo SVM com a técnica ADASYN obteve 77,95% no conjunto de teste e 73,21% no conjunto de treino. O modelo SVM com a técnica SMOTETomek obteve 78,55% no conjunto de teste e 77,70% no conjunto de treino. O modelo SVM com a técnica SMOTEENN obteve 82,20% no conjunto de teste e 84,17% no conjunto de treino. Por conseguinte, conclui-se que a pontuação de precisão equilibrada no modelo SVM com todas as técnicas de amostragem foi aproximadamente semelhante nos conjuntos de treino e de teste. Assim, o sobreajuste não ocorre quando se aplica o modelo SVM com as técnicas de dados desequilibrados.

5.4.5 Validação do modelo do classificador de votação em conjunto

A validação do modelo de votação em conjunto tem por objetivo utilizar a medida de precisão equilibrada para evitar o sobreajuste e encontrar o melhor desempenho, como se mostra na Tabela 5.13.

Tabela 5.13: Desempenho do modelo de votação em conjunto utilizando a medida de exatidão equilibrada.

Conjunto de dados desequilibrado		Conjunto de teste	Conjunto de comboios
Conjunto de dados original desequilibrado		50%	52%
Seleção de caraterísticas em dados desequilibrados		50%	49%
Técnicas de dados desequilibrados		**Conjunto de teste**	**Conjunto de comboios**
Subamostragem	RUS	76.44%	78.36%
Sobreamostragem	ROS	77.42%	74.87%
	SMOTE	80.80%	82.20%
	ADASYN	80.55%	77.96%
Amostragem híbrida	SMOTETomek	81.37%	80.17%
	SMOTEENN	85.07%	86.01%

Como mostra a Tabela 5.13, o modelo de votação do conjunto com o conjunto de dados desequilibrado original foi de 50% no conjunto de teste e 52% no conjunto de treino. O modelo de votação do conjunto com a seleção de caraterísticas no conjunto de dados desequilibrado foi de 50% no conjunto de teste e 49% no conjunto de treino. O modelo de votação de conjunto com a técnica RUS foi de 76,44% no conjunto de teste e 78,36% no conjunto de treino. O modelo de votação por conjunto com a técnica ROS obteve 77,42% no conjunto de teste e 74,87% no conjunto de treino. O modelo de votação por conjunto com a técnica SMOTE obteve 80,80% no conjunto de teste e 82,20% no conjunto de treino. O modelo de votação em conjunto com a técnica ADASYN obteve 80,55% no conjunto de dados de teste e 77,96% no conjunto de dados de treino. O modelo de votação em conjunto com a técnica SMOTETomek obteve 81,37% no conjunto de teste e 80,17% no conjunto de treino. O modelo de votação em conjunto com a técnica SMOTEENN foi de 85,07% no conjunto de teste e de 86,01% no conjunto de treino. Por conseguinte, conclui-se que a pontuação de precisão equilibrada no classificador de votação em conjunto com todas as técnicas de amostragem foi aproximadamente semelhante nos conjuntos de treino e de teste. Assim, o sobreajuste não ocorre quando se aplica o modelo de votação em conjunto com as técnicas de dados desequilibrados.

5.5 Discussão

5.5.1 Comparações do desempenho do conjunto de dados desequilibrado e equilibrado

A comparação das experiências anteriores é apresentada na Tabela 5.14 abaixo, recolhida da Tabela (5.9 a 5.13). Esta comparação tem por objetivo concluir o efeito das técnicas de dados desequilibrados com cinco algoritmos de classificação, utilizando a medida de precisão equilibrada.

Tabela 5.14: Desempenho do conjunto de dados desequilibrado e equilibrado utilizando a exatidão equilibrada.

	Conjunto de dados original	RUS	ROS	SMOTE	ADASYN	SMOTETomek	SMOTEENN
Gaussian Naïve Bayes (GNB)	55.14%	68.43%	75.33%	77.92%	77.57%	78.45%	81.28%
Perceptron de várias camadas MLP	56.00%	76.52%	79.12%	84.65%	83.35%	84.55%	86.28%
Regressão logística (LR)	49.99%	73.41%	76.73%	79.82%	79.34%	80.09%	83.44%
Máquina de vetor de suporte (SVM)	50.00%	72.88%	78.12%	78.53%	77.95%	78.55%	82.20%
Modelo de votação em conjunto	50.00%	76.44%	77.42%	80.80%	80.55%	81.37%	85.07%

A Tabela 5.14 ilustra que o desempenho da medida de precisão equilibrada do conjunto de dados dos registos médicos electrónicos dos doentes melhorou quando se utilizaram as técnicas de amostragem RUS, ROS, SMOTE, SMOTETomek e SMOTEENN. Enquanto que, sem a utilização das técnicas de amostragem, o desempenho da exatidão equilibrada é muito baixo, como no caso do MLP, 56%, e do SVM, 50%.

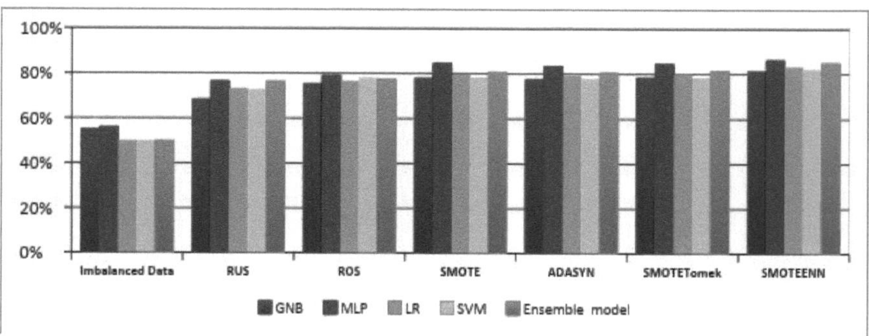

Figura 5.14: Desempenho da precisão equilibrada do conjunto de dados desequilibrado e equilibrado.

Como se mostra na Figura 5.14, o desempenho equilibrado da exatidão dos classificadores GNB, MLP, LR, SVM e o conjunto de votação com diferentes técnicas de amostragem que lidam com o conjunto de dados desequilibrado. Verifica-se que as técnicas de amostragem têm um desempenho superior ao do conjunto de dados desequilibrado original. Além disso, verifica-se que a técnica SMOTEENN superou as outras técnicas de amostragem seguidas da técnica SMOTE. Além disso, o perceptron multicamadas (MLP) é o classificador com maior precisão equilibrada do que outros classificadores obtidos com RUS (76,52%), ROS (79,12%), SMOTE (84,65%), ADASYN (83,35), SMOTETomek (84,55%) e

SMOTEENN (86,28%), em comparação com o desempenho do conjunto de dados desequilibrado original, que foi de (55,14%), (56,00%), (49,99%), (50,00%) e (50,00%) para GNB, MLP, LR, SVM e o classificador de votação em conjunto, respetivamente.

5.5.2 A comparação exaustiva das técnicas de dados desequilibrados com algoritmos de classificação

A experiência anterior mostrada na comparação exaustiva é ilustrada na Tabela 5.15 abaixo, que é recolhida das Tabelas (5.4 a 5.8). Esta comparação visa concluir quais os algoritmos de classificação eficientes com técnicas de dados desequilibrados que atingem o objetivo do trabalho proposto.

Tabela 5.15: Desempenho das técnicas de dados desequilibrados com os algoritmos de classificação

	Métricas de avaliação	RUS	ROS	SMOTE	ADASYN	SMOTETomek	SMOTEENN
Gaussian Naïve Bayes (GNB)	Sensibilidade	72.67%	76.44%	84.46%	85.51%	84.86%	86.01%
	Precisão	70.22%	74.38%	74.65%	74.42%	74.30%	81.24%
	Pontuação F1	71.42%	75.40%	79.25%	79.58%	79.23%	83.56%
	AUC	72.00%	75.00%	78.00%	78.00%	78.00%	81.00%
Perceptrão de várias camadas (MLP)	Sensibilidade	78.04%	92.23%	90.16%	88.51%	84.93%	92.57%
	Precisão	76.64%	72.98%	80.91%	79.93%	84.18%	84.84%
	Pontuação F1	77.34%	81.49%	85.29%	84.00%	84.55%	88.54%
	AUC	75.00%	80.00%	83.00%	84.00%	83.00%	86.00%
Regressão logística (LR)	Sensibilidade	77.90%	80.53%	81.87%	82.36%	83.13%	87.77%
	Precisão	74.44%	74.76%	78.76%	77.86%	78.03%	82.89%
	Pontuação F1	76.13%	77.54%	80.29%	80.05%	80.50%	85.26%
	AUC	77.00%	77.00%	80.00%	79.00%	80.00%	84.00%
Máquina de vetor de suporte (SVM)	Sensibilidade	80.23%	83.87%	85.20%	85.47%	86.35%	91.19%
	Precisão	73.01%	75.12%	75.21%	74.67%	74.32%	80.08%
	Pontuação F1	76.45%	79.25%	79.89%	79.71%	79.89%	85.27%
	AUC	75.00%	77.00%	79.00%	78.00%	79.00%	82.00%
Modelo de votação em conjunto	Sensibilidade	81.09%	78.35%	80.82%	82.83%	84.43%	88.07%
	Precisão	75.14%	76.84%	80.75%	79.07%	79.43%	85.60%
	Pontuação F1	78.00%	77.58%	80.78%	80.91%	81.85%	86.82%
	AUC	76.00%	77.00%	81.00%	80.00%	81.00%	85.00%

A Tabela 5.15 ilustra o desempenho comparativo das técnicas de dados desequilibrados com os algoritmos de classificação utilizados neste estudo. As Curvas Roc para todos os classificadores utilizando as técnicas RUS, ROS, SMOTE, ADASYN, SMOTETomek e SMOTEENN são ilustradas nas Figuras (5.15 - 5.20) abaixo.

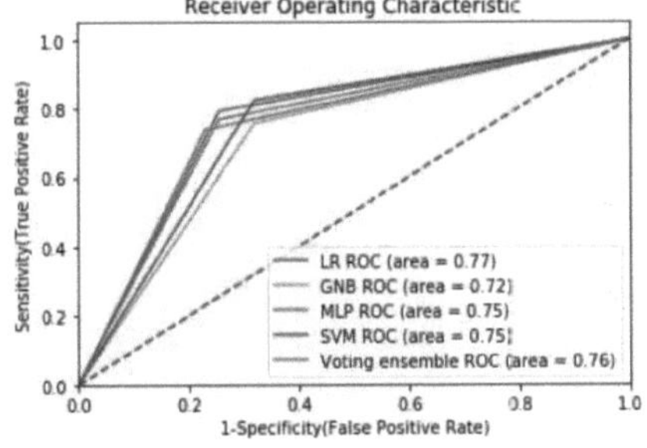

Receiver Operating Characteristic
Sensitivity(True Positive Rate)
1-Specificity(False Positive Rate)
LR ROC (area = 0.77)
GNB ROC (area = 0.72)
MLP ROC (area = 0.75)
SVM ROC (area = 0.75)
Voting ensemble ROC (area = 0.76)

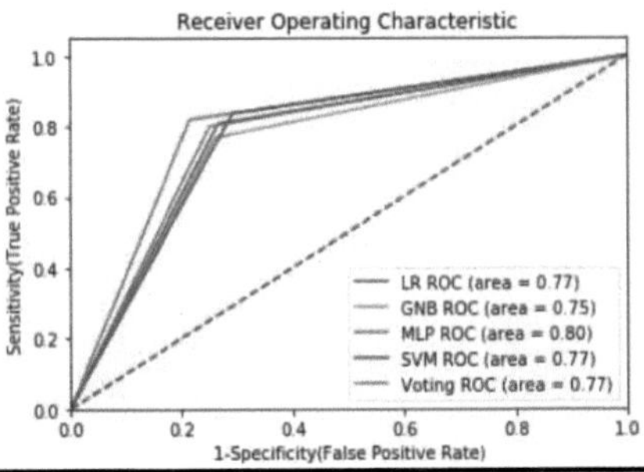

Receiver Operating Characteristic
Sensitivity(True Positive Rate)
1-Specificity(False Positive Rate)
LR ROC (area = 0.77)
GNB ROC (area = 0.75)
MLP ROC (area = 0.80)
SVM ROC (area = 0.77)
Voting ROC (area = 0.77)

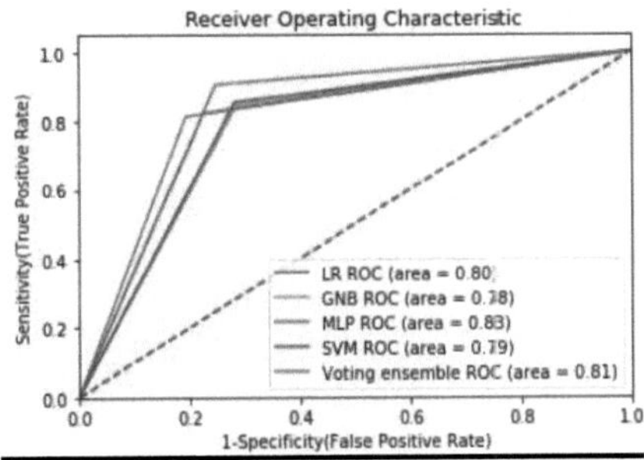

Receiver Operating Characteristic
Sensitivity(True Positive Rate)
1-Specificity(False Positive Rate)
LR ROC (area = 0.80)
GNB ROC (area = 0.78)
MLP ROC (area = 0.83)
SVM ROC (area = 0.79)
Voting ensemble ROC (area = 0.81)

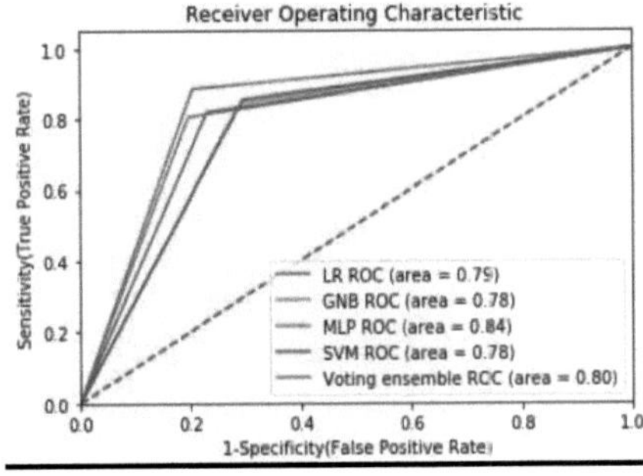

Receiver Operating Characteristic
Sensitivity(True Positive Rate)
1-Specificity(False Positive Rate)
LR ROC (area = 0.79)
GNB ROC (area = 0.78)
MLP ROC (area = 0.84)
SVM ROC (area = 0.78)
Voting ensemble ROC (area = 0.80)

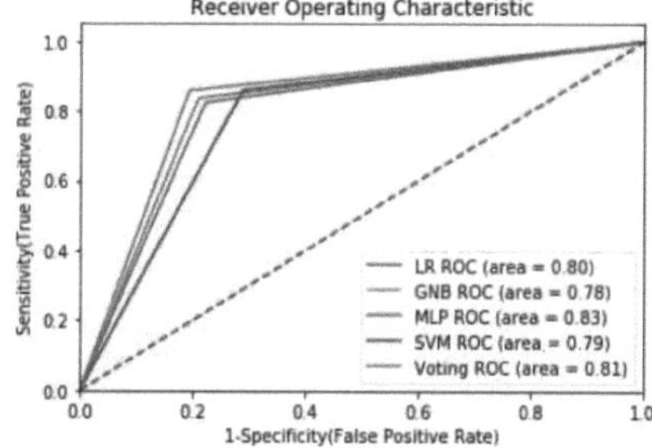
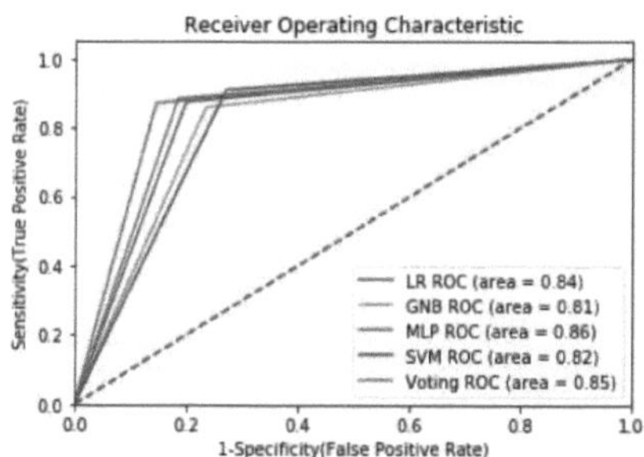

Como mostram as Figuras (5.15 - 5.20), as curvas Roc da técnica SMOTEENN superaram as outras técnicas de amostragem, com um valor AUC de até 86% para o classificador MLP. Além disso, as outras métricas de avaliação foram tidas em conta, considerando a sensibilidade, a precisão e a pontuação F1 na comparação, como se mostra na Figura 5.21.

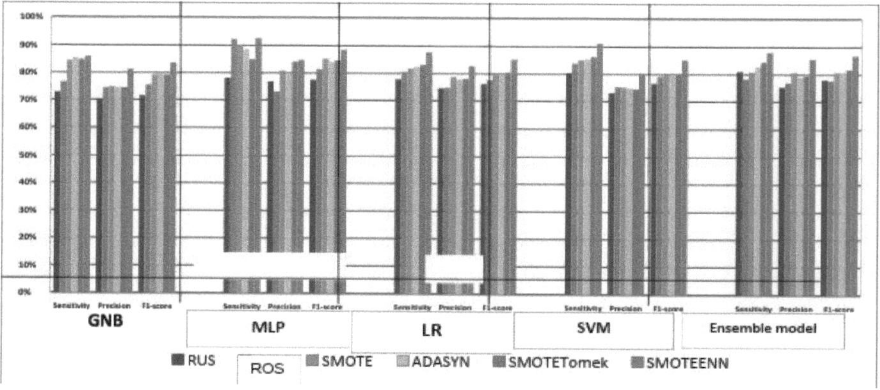

Figura 5.21: As representações gráficas do desempenho das técnicas de dados desequilibrados com algoritmos de classificação.

Como mostra a Figura 5.21, as representações gráficas das medidas de sensibilidade, precisão e pontuação F1, em que o eixo x mostra os algoritmos de classificação e o eixo y representa os valores de sensibilidade, precisão e pontuação F1 com cada técnica de dados desequilibrados. Os algoritmos GNB,

MLP, LR, SVM e o conjunto de votação obtiveram os melhores resultados com a técnica SMOTEENN, sendo que o classificador GNB tem sensibilidade (86,01%), precisão (81,24%) e pontuação F1 (83,56%). O classificador MLP tem sensibilidade (92,57%), precisão (84,84%) e F1-score (88,54%). O classificador LR tem sensibilidade (87,77%), precisão (82,89%) e pontuação F1 (85,26%). O SVM
tem sensibilidade (91,19%), precisão (80,08%) e pontuação F1 (85,27%). O classificador de conjunto de votação tem sensibilidade (88,07%), precisão (85,60%) e pontuação F1 (86,82%).

A conclusão a partir destes resultados foi que os classificadores GNB, MLP, LR, SVM e votação em conjunto tiveram o seu melhor desempenho com a técnica SMOTEENN. O desempenho mais elevado em termos de sensibilidade (92,57%) foi encontrado na técnica SMOTEENN com o classificador MLP, seguido do desempenho em termos de sensibilidade (91,19%) encontrado na técnica SMOTEENN com o classificador SVM. Assim, o classificador MLP com as técnicas de amostragem híbridas SMOTEENN é superior às outras técnicas de amostragem das técnicas de dados desequilibrados.

5.5.3 Comparação com estudos anteriores

Um estudo anterior realizado por C. Nwosu et al. [27] utilizou o mesmo conjunto de dados que é utilizado no trabalho proposto, o estudo destinava-se a prever o AVC a partir de registos de saúde electrónicos. Foram utilizados três algoritmos para prever o AVC e obteve-se o melhor resultado de precisão (75,02%) do modelo perceptron multicamadas (MLP), seguido da precisão da floresta aleatória (74,53%) e da árvore de decisão (74,31%) [27]. No entanto, não foram utilizadas técnicas de dados desequilibrados neste estudo.

Além disso, há uma série de estudos anteriores que se inserem no mesmo domínio do trabalho proposto, mas que utilizaram conjuntos de dados diferentes. Por exemplo, Colaka et al. [28] propuseram-se prever o resultado de um acidente vascular cerebral utilizando modelos ANN e SVM. O resultado dos valores de exatidão para a RNA foi (85,9%) e para a SVM foi (84,62%).

Bentley et al. [29] propuseram um algoritmo de aprendizagem automática para distinguir os doentes destinados a sofrer um AVC através de um conjunto de dados de imagens cerebrais. Utilizou um algoritmo de máquina de vectores de apoio para prever os resultados da trombólise do AVC, sendo que a área sob a curva da caraterística de funcionamento do recetor deste modelo SVM foi de 74,40%.

Süt et al. [31] propuseram um método para prever a mortalidade em doentes com AVC, utilizando uma rede neural de perceptrão multicamadas (MLP). Os desempenhos dos algoritmos da rede neural foram comparados utilizando o método da curva ROC (receiver operating characteristic). Verificou-se que a MLP treinada com o algoritmo de propagação rápida produziu a maior exatidão (80,70%), uma especificidade (81,30%) e uma AUC (curva ROC) de (86,90%).

Sunga et al. [32] propuseram um método para desenvolver um índice de gravidade do AVC. Identificaram sete caraterísticas preditivas e desenvolveram três modelos: regressão linear múltipla, modelo de vizinho mais próximo K e modelo de árvore de regressão, que resultaram em precisões de (74,20%), (74,30) e (73,70%), respetivamente.

Neste estudo, são utilizadas várias técnicas de dados desequilibrados para equilibrar o conjunto de dados e comparar o melhor desempenho com os algoritmos de classificação. Assim, o classificador MLP eficaz com a técnica de dados desequilibrados SMOTEENN neste estudo supera o estudo anterior em termos de sensibilidade (92,57%), exatidão equilibrada (86,28%), pontuação F1 (88,54%) e AUC (86%). Em seguida, o classificador SVM eficaz com a técnica de dados desequilibrados SMOTEENN neste estudo supera o estudo anterior em termos de sensibilidade (91,19%).

A partir destes resultados, verifica-se que os classificadores efectuados com as técnicas de dados desequilibrados melhoraram o desempenho do conjunto de dados desequilibrados original. Consequentemente, este estudo superou os estudos anteriores no domínio da previsão do AVC que não utilizaram as técnicas de dados desequilibrados nos seus estudos.

Capítulo 6: Conclusões

6.1   Conclusão

A previsão do AVC é um problema de classe binária. Este estudo resolve este problema utilizando cinco algoritmos de classificação de aprendizagem automática com seis técnicas de dados desequilibrados, que lidam com conjuntos de dados desequilibrados. As caraterísticas significativas identificadas para o desenvolvimento do AVC são a idade, a hipertensão, o tabagismo, a doença cardíaca, o casamento, o tipo de trabalho, o tipo de residência, o IMC e o nível médio de glucose. O desempenho dos classificadores GNB, MLP, LR, SVM e votação em conjunto do conjunto de dados de registos médicos electrónicos foi melhorado quando se utilizaram as técnicas RUS, ROS, SMOTE, ADASYN, SMOTETomek e SMOTEENN e superou o desempenho do conjunto de dados desequilibrado original.

A conclusão deste estudo foi que os classificadores GNB, MLP, LR, SVM e votação em conjunto tiveram o seu melhor desempenho com a técnica SMOTEENN. O desempenho mais elevado de sensibilidade (92,57%) foi encontrado na técnica SMOTEENN com o classificador MLP, seguido do desempenho de sensibilidade (91,19%) encontrado na técnica SMOTEENN com o classificador SVM. Assim, o classificador MLP com a técnica de amostragem híbrida SMOTEENN dos dados desbalanceados tem um desempenho superior ao das outras técnicas de amostragem.

Em conclusão, verifica-se que os classificadores efectuados com as técnicas de dados desequilibrados melhoraram o desempenho do conjunto de dados desequilibrados original. Consequentemente, este estudo superou os estudos anteriores no domínio da previsão do AVC que não utilizaram as técnicas de dados desequilibrados nos seus estudos.

6.2   Desafios e trabalho futuro

As técnicas de subamostragem reduzem o número de classes maioritárias para equilibrar as classes no conjunto de dados, o que pode causar perda de informação. As técnicas de sobreamostragem estão a aumentar o número de classes minoritárias para equilibrar as classes no conjunto de dados, o que pode causar sobreajustamento. Assim, encontrar o limiar correto para evitar ambos os problemas é um desafio significativo. No entanto, as técnicas de amostragem continuam a ser a melhor solução para equilibrar o conjunto de dados.

O estudo mostra que a idade, a doença cardíaca, a hipertensão, o casamento, o tipo de trabalho, o tipo de residência, o nível médio de glicose e o IMC são os principais factores que determinam os factores de risco do AVC. No entanto, o conjunto de dados tem um número limitado de caraterísticas. Em trabalhos futuros, serão introduzidas mais melhorias no conjunto de dados para as inevitáveis optimizações.

Referências

[1] A Associação Americana de AVC. Sobre o AVC, Dallas (TX): ASA. [Online]. Disponível: https://www.stroke.org/en/about-stroke [Acedido em: 6-Fev-2020].

[2] Y. Celik e N. Süt, "Prediction of mortality in stroke patientsusing multilayer perceptron neural networks," *Turkish Journal of Medical Sciences*, vol. 42, pp. 886-893, doi:10.3906/sag-1105-20, Nov 2011.

[3] M. Hughes, and G. Lip, "Stroke and thromboembolism in atrial fibrillation: a systematic review of stroke risk factors, risk stratification schema and cost effectiveness data," *Guideline Development Group, National Clinical Guideline for Management of Atrial Fibrillation in Primary and Secondary Care, National Institute for Health and Clinical Excellence*, pp. 295-304, 2008.

[4] R. Marinigh, G. Lip, N. Fiotti, C. Giansante, e D. Lane, "Age as a risk fator for stroke in atrial fibrillation patients implications for thromboprophylaxis: Implications for thromboprophylaxis," *Journal of the American College of Cardiology*, pp. 827-837, 2010.

[5] S. Palacio, L. McClure, O. Benavente, C. Bazan, P. Pergola, et al., "Lacunar Strokes in Patients With Diabetes Mellitus: Risk Factors, Infarct Location, and Prognosis," *Stroke*, ISSN: 0039-2499, vol. 45, pp. 2689-2694, doi: 10.1161/STROKEAHA.114.005018, 2014.

[6] Centros de Controlo e Prevenção de Doenças. Folha de Dados Nacional sobre Diabetes, 2011. Atlanta, GA: Centros de Controlo e Prevenção de Doenças, Departamento de Saúde e Serviços Humanos dos EUA [Online]. Disponível: https://www.cdc.gov . [Acedido em 17 de fevereiro de 2020].

[7] Associação Americana de Diabetes. Diabetes Basics Diagnosis [Online]. Disponível: Diabetes.org/diabetes-basics/diagnosis/ . [Acedido em: 17-Fev-2020].

[8] V. HJA, L. Ramos, A. Hilbert, V. Leeuwen, V. Walderveen, N. Kruyt, et al., "Predicting outcome of endovascular treatment for acute ischemic stroke: potential value of machine learning algorithms," *Front Neurol*, doi: 10.3389/fneur.2018.00784, Sep 2018.

[9] W. Powers , A. Rabinstein , T. Ackerson , O. Adeoye , N. Bambakidis , et al., "Guidelines for the early management of patients with acute ischemic stroke," *Stroke*, vol. 50, no. 12, doi: 10.1161/str.0000000000000211, Oct 2019.

[10] S. Hatano, "Experience from a multicentre stroke register: a preliminary report," *Bull World Health Organ*, vol. 54, pp. 541-553.

[11] A. Kim, E. Cahill, e N. Cheng, "Global stroke belt: geographic variation in stroke burden worldwide," *Stroke*, pp. 3564-3570, doi: 10.1161/strokeaha.115.008226, Oct 2015.

[12] V. Feigin, M. Forouzanfar, R. Krishnamurthi, A. Mensah, M. Connor, et al., "Global and regional burden of stroke during 1990-2010: findings from the Global Burden of Disease Study 2010," *Lancet*,

pp. 245-254, doi: 10.1016/s0140-6736(13)61953-4, Jan 2014.

[13]   E. Benjamin, M. Blaha , S. Chiuve , M. Cushman , S. Das, et al., "Heart Disease and Stroke Statistics-2017 Update: A Report From the American Heart Association," *Circulation*, vol. 135, no. 10, doi: org/10.1161/CIR.0000000000000485, Jan. 2017.

[14]   L. Lin, C. Lee, C. Yu, C. Tsai, L. Lai, et al., "Risk factors and incidence of ischemic stroke in Taiwanese with nonvalvular atrial fibrillation-A nationwide database analysis," *Elsevier*, vol. 217, pp. 292-295, doi: 10.1016/j.atherosclerosis.2011.03.033, Apr 2011.

[15]   D. Shanthi, G. Sahoo, e N. Saravanan, "Designing an Artificial Neural Network Model for the Prediction of Thromboembolic Stroke," *International Journals of Biometric and Bioinformatics (IJBB)*, vol. 3, pp. 10-18, 2008.

[16]   J. Romero, J. Morris, e A. Pikula, "Stroke prevention: modifying risk factors," *Therapeutic Advances in Cardiovascular Disease*, pp. 287-303, doi: 10.1177/1753944708093847, Aug 2008.

[17]   Centros de Controlo e Prevenção de Doenças. Principais causas de morte em mulheres nos Estados Unidos, 2014: todas as mulheres, todas as idades [Online]. Disponível: https://www.cdc.gov/women/lcod/2014/index.htm. [Acedido em: 20-Fev-2020].

[18]   T. Madsen, V. Howard, M. Jiménez, K. Rexrode, M. Acelajado, et al., "Impact of Conventional Stroke Risk Factors on Stroke in Women," *Stroke*, vol. 49, pp. 536-542, doi: 10.1161/STROKEAHA.117.018418, Mar 2018.

[19]   P. Sylaja, J. Pandian, S. Kaul, P. Srivastava, D. Khurana, et al., "Ischemic Stroke Profile, Risk Factors, and Outcomes in India", *Stroke*, vol. 49, n.º 1, pp. 219-222, doi: 10.1161/STROKEAHA.117.018700, Nov. 2017.

[20]   N. Chawla, K. Bowyer, L. Hall, e W. Kegelmeyer, "SMOTE: synthetic minority over-sampling technique," *Journal of Artificial Intelligence Research (JAIR)*, vol. 16, pp. 321-357, doi: 10.1613/jair.953, Jun 2011.

[21]   M. Galar, A. Fernandez, E. Barrenechea, H. Bustince, e F. Herrera, "Prediction of mortality in stroke patientsusing multilayer perceptron neural networks," A review on ensembles for the class imbalance problem: bigging-, boosting-, and hybrid-based approaches," IEEE Trans. Syst. Man, Cybern. Part C Applications Rev., vol. 42, no. 4, pp. 463-484, 2012.

[22]   G. Douzas, F. Bacao, and F. Last, "Improving imbalanced learning through a heuristic oversampling method based on k-means and SMOTS,' *Inf. Sci (Ny)*, vol. 465, pp.1-20, Out 2018.

[23]   A. Fernandes, S. Garcia, M. J. del Jesus, and F. Herrera, "A study of the behavior of linguistic fuzzy rule based classification systems in the framework of imbalanced data-sets,' *Fuzzy Sets Syst.*, vol. 159, no. 18, pp. 2378-2398, 2008.

[24]   E. Ramentol, Y. Caballero, R. Bello e F. Herrera, "SMOTE-RSB*: uma abordagem híbrida de pré-processamento baseada na sobreamostragem e na andersampling para conjuntos de dados

altamente desequilibrados utilizando c SMOTE e a teoria dos conjuntos aproximados", Knowl. Inf. Syst., vol. 33, no. 2, pp. 245- 265, Nov 2012.

[25] A. Coca, F. Messerli, A. Benetos, Q. Zhou, A. Champion, et al., "Predicting Stroke Risk in Hypertensive Patients With Coronary Artery Disease,' *Stroke*, pp. 343-348, doi: 10.1161/STROKEAHA.107.495465, Jan 2010.

[26] N L. Amini, R. Azarpazhouh, M. Farzadfar, S. Mousavi, F. Jazaieri, et al., "Prediction and Control of Stroke by Data Mining,' *International journal of preventive Medicine*, pp. 245-249, maio de 2013.

[27] C. Nwosu, S. Dev, P. Bhardwaj ,B. Veeravalli , e D. John, "Predicting Stroke from Electronic Health Records,' *Conf Proc IEEE Eng Med Biol Soc. 2019 Jul*, vol. 42, pp. 5704-5707, doi: 10.1109/EMBC.2019.8857234.

[28] C. Colaka, E. Karamanb, and M. Turtay, "Application of knowledge discovery process on theprediction of stroke,' *Elsevier Ireland, computer methods and programs inbiomedicine119*, vol. 42, pp. 181-185, Mar 2015.

[29] P. Bentley, J. Ganesalingam, A. Carlton Jones, K. Mahady, S. Epton, et al., "Prediction of stroke thrombolysis outcome using CT brainmachine learning", *Elsevier B.V.*, pp. 635-640, doi: 10.1016/j.nicl.2014.02.003, Mar 2014.

[30] C. Cheng, Y. Lin, e H. Chiu, 'Prediction of theprognosis of ischemic stroke patients after intravenousthrombolysis using artificial neural networks,' *Stud. HealthTechnol. Inform.*, pp. 115-118, doi: 10.3233/978-1-61499-423-7-115, Jul 2014.

[31] N. Süt, Y. Celik, "Improving imbalanced learning through a heuristic oversampling method,' *Turkish Journal of Medical Sciences*, vol. 42, pp. 886-893, doi:10.3906/sag-1105-20, Nov 2011.

[32] S. Sung, C. Hsieh, Y. Yang, H. Lin, C. Chen, et al., "Developing a stroke severity index based on administrative data was feasible using data mining techniques,' *Journal of Clinical Epidemiology*, vol. 68, pp. 1292-1300, Nov 2015.

[33] A. Arslana, C. Colaka, e E. Sarihanb, "Different Medical Data Mining Approaches Based Prediction of Ischemic Stroke,' *Computer Methods and Programs in Biomedicine*, Mar 2016.

[34] M. Monteiro , A. Fonseca , A. Freitas , T. Melo, A. Oliveira, et al., "Using Machine Learning to Improve the Prediction of Functional Outcome in Ischemic Stroke Patients,' *IEEE/ACM Transactions on Computational Biology and Bioinformatics*, vol. 15, Des 2018.

[35] J. Heo, J. Yoon, H. Park, Y. Kim, H. Nam, et al., "Machine Learning-Based Model for Prediction of Outcomes in Acute Stroke," *2019 American Heart Association- Stroke*, vol. 50, pp. 1263-1265, 10.1161/STROKEAHA.118.024293, maio de 2019.

[36] K. Naidu, A. Dhenge e K. Wankhade, "Algoritmo de seleção de caraterísticas para melhorar o desempenho da classificação: A Survey", *2014 Fourth International Conference on Communication Systems and Network Technologies*, Bhopal, 2014, pp. 468-471.

[37]   V. Chawla, N. Japkowicz, e A. Kotcz, "Editorial: Special issue on learning from imbalanced data sets", SIGKDD Explorations, vol. 6, pp. 1-6, 2004.

[38]   G. Cohen, M. Hilario, H. Sax, S. Hugonnet e A. Geissbuhler, "Learning from imbalanced data in surveillance of nosocomial infection", *Artificial Intelligence in Medicine*, pp. 7-18, 2006.

[39]   A. Cieslak, V. Chawla e A. Striegel, "Combating imbalance in networkintrusion datasets", *In Proceedings of the IEEE International Conference on Granular Computing*, pp. 732-737, 2006.

[40]   S. García, e F. Herrera, "Evolutionary Undersampling for Classification with Imbalanced Datasets: Proposals and Taxonomy", *Evolutionary computation*, vol. 17, pp. 275-306, 2009.

[41]   G. Batista, R. Prati, & M. Monard, "A study of the behavior of several methods for balancing machine learning training data,' *ACM SIGKDD Explorations Newsletter*, vol. 6, Jun 2004.

[42]   T. Silva, M. Vo, B. Vo, M. Lee e S. Baik, "A Hybrid Approach Using Oversampling Technique and Cost-Sensitive Learning for Bankruptcy Prediction", *Complexity*, pp. 1076-2787, doi: doi.org/10.1155/2019/8460934, agosto de 2019.

[43]   N. Chawla, K. Bowyer, L. Hall e W. Kegelmeyer, "SMOTE: Synthetic Minority Over-sampling Technique", *Journal Of Artificial Intelligence Research*, vol. 16, pp. 321-357, 2011.

[44]   E. Iglesias, A. Vieira e L. Borrajo, "An HMM-based over-sampling technique to improve text classification", *Expert Systems with Applications*, vol. 40, pp. 7184-7192, doi: doi.org/10.1016/j.eswa.2013.07.036, 2013.

[45]   N. Chawla, K. Bowyer, L. Hall e W. Kegelmeyer, "SMOTE: Synthetic minority over-sampling technique", *Journal Of Artificial Intelligence Research*, vol. 16, pp. 321-357, doi: 10.1613/jair.953, junho de 2011.

[46]   W. Satriaji e R. Kusumaningrum, "Effect of Synthetic Minority Oversampling Technique (SMOTE), Feature Representation, and Classification Algorithm on Imbalanced Sentiment Analysis", *2018 2nd International Conference on Informatics and Computational Sciences (ICICoS)*, Semarang, Indonésia, 2018, pp. 1-5.

[47]   Q. Cao e S. Wang, "Applying Over-sampling Technique Based on Data Density and Cost-sensitive SVM to Imbalanced Learning," *2011 International Conference on Information Management, Innovation Management and Industrial Engineering*, Shenzhen, 2011, pp. 543-548.

[48]   H. He, Y. Bai, E. Garcia e S. Li, "ADASYN: Adaptive Synthetic Sampling Approach for Imbalanced Learning", Conferência Interna Conjunta sobre Redes Neuronais, 2008, pp. 1322-1328.

[49]   C. Seiffert, T. Khoshgoftaar e J. Hulse, "Hybrid sampling for imbalanced data", *2008 IEEE International Conference on Information Reuse and Integration*, Las Vegas, NV, EUA, 2008, pp. 202-207.

[50]   S.Gazzah, A. Hechkel e N. Essoukri, "A hybrid sampling method for imbalanced data", *2015 IEEE 12th International Multi-Conference on Systems, Signals & Devices (SSD15)*, Mahdia, 2015, pp.

1-6.

[51]   Z. Wang, C. Wu, K. Zheng, X. Niu e X. Wang, "SMOTETomek-Based Resampling for Personality Recognition", em IEEE Access, vol. 7, pp. 129678-129689, 2019.

[52]   A. Puri e M. Gupta, "Comparative Analysis of Resampling Techniques under Noisy Imbalanced Datasets," *2019 International Conference on Issues and Challenges in Intelligent Computing Techniques (ICICT)*, GHAZIABAD, India, 2019, pp. 1-5.

[53]   Wikipédia. Classificador Naive Bayes   [Online]. Disponível: https://en.wikipedia.org/wiki/Naive_Bayes_classifier. [Acedido em: 27-Mar-2020].

[54]   J. Brownlee. Naive Bayes para   máquina Aprendizagem [Online]. Disponível: https://machinelearningmastery.com/naive-bayes-for-machine-learning/.[Acedido em: 27-Mar2020].

[55]   M. Arroyo e L. Sucar, "Learning an Optimal Naive Bayes Classifier*", 18ª Conferência Internacional sobre Reconhecimento de Padrões (ICPR'06)*, Hong Kong, 2006, pp. 958-958.

[56]   Scikit-Learn. Naïve Bayes. [Online]. Disponível: https://scikit-learn.org/stable/modules/naive_bayes.html . [Acedido em: 29-Mar-2020].

[57]   Médio. Compreensão do perceptron multicamada (MLP). [Online]. Disponível: https://medium.com/@AI_with_Kain/understanding-of-multilayer-perceptron-mlp-8f179c4a135f. [Acedido em: 29-Mar-2020].

[58]   R.Grosse. "Aula   5: Percepções Perceptrons," [Online]. Disponível: https://www.cs.toronto.edu/~rgrosse/courses/csc321_2018/readings/L05%20Multilayer%20Perceptrons.pdf. [Acedido em: 29-Mar-2020].

[59]   D. Hosmer, S. Lemeshow, e R. Sturdivant, "Applied Logistic Regression," ISBN: 978-0-470-58247-3, abril de 2013.

[60]   KDnuggets. SuporteVectoriais de suporte: A simples Explicação   [Online]. Disponível: https://www.kdnuggets.com/2016/07/support-vetor-machines-simple-explanation.html. [Acedido: 29-Mar-2020]

[61]   Rumo à ciência dos dados.   Ajuste de parâmetros de SVM [Online]. Disponível: https://towardsdatascience.com/a-guide-to-svm-parameter-tuning-8bfe6b8a452c.   [Acedido: 30-Mar-2020].

[62]   Y. Yang, J. Li e Y. Yang, "The research of the fast SVM classifier method," *2015 12th International Computer Conference on Wavelet Active Media Technology and Information Processing (ICCWAMTIP)*, Chengdu, 2015, pp. 121-124.

[63]   M. Naib e A. Chhabra, "Ensemble vote approach for predicting primary tumors using data mining," *2014 5th International Conference - Confluence The Next Generation Information Technology Summit (Confluence)*, Noida, 2014, pp. 97-102.

[64]   E. Lewinson. Aprendizagem aprendizagem   utilizando   a Votação Classificador [Online].

Disponível: https://levelup.gitconnected.com/ensemble-learning-using-the-voting-classifier-a28d450be64d. [Acedido: 30-Mar-2020]

[65]   GitHub.   Classificador   de   votos   em   conjunto   [Online].   Disponível: http://rasbt.github.io/mlxtend/user_guide/classifier/EnsembleVoteClassifier/.

[Acedido em: 30-Mar-2020].

[66]   Z. Bylinskii, T. Judd, A. Oliva, A. Torralba e F. Durand, "What Do Different Evaluation Metrics Tell Us About Saliency Models?", *em IEEE Transactions on Pattern Analysis and Machine Intelligence*, vol. 41, no. 3, pp. 740-757, Mar 2019.

[67]   M. Fatourechi, R. Ward, S. Mason, J. Huggins, A. Schlögl e G. Birch, "Comparison of Evaluation Metrics in Classification Applications with Imbalanced Datasets", *2008 Seventh International Conference on Machine Learning and Applications*, San Diego, CA, 2008, pp. 777-782.

[68]   Laboratório   de   Ciência   de   Dados.   Métricas   [Online].   Disponível: https://datasciencelab.its.uconn.edu/metrics/#. [Acedido em: 1-abril-2020].

[69]   Programadores. Classificação: Curva ROC e AUC [Online]. Disponível: https://developers.google.com/machine-learning/crash-course/classification/roc-and-auc. [Acedido em: 1-abril-2020].

[70]   Kaggle. Cuidados de saúde conjunto de dados AVC   dados [online]. Disponível: https://www.kaggle.com/asaumya/healthcare-dataset-stroke-data [Acedido em: 25-Jan-2020].

[71]   Science Diret. Dados   Pré-processamento de dados   [online]. Disponível: https://www.sciencedirect.com/topics/engineering/data-preprocessing [Acedido: 29-Fev-2020].

[72]   Wikipédia. Dados em falta [Online]. Disponível: https://en.wikipedia.org/wiki/Missing_data. [Acedido em: 4-abril-2020].

[73]   K. Potdar, T. Pardawala, e C. Pai, "A comparative study of categorical variable encoding techniques for neural network classifiers," *Int. J. Comput. Appl.*, vol. 175, no. 4, pp.7-9, 2017.

[74]   M. Suares-Alvarez, D. Pham, M. Prostov e Y. Prostov, "Statistical approach to normalization of feature vectors and clustering of mixed datasets", *Proc. R. Soc.* A Math. Phys. Eng. Sci., vol. 468, no. 2145, pp. 2630-2651, 2012.

[75]   J. Wu e C. Li, "Seleção de caraterísticas com base na unidade de caraterísticas", *4.ª Conferência Internacional de 2017 sobre Ciência da Informação e Engenharia de Controlo (ICISCE)*, Changsha, 2017, pp. 330-333.

[76]   Rumo à Ciência dos Dados. Better Heatmaps and Correlation Matrix Plots in Python" [online]. Disponível: https://towardsdatascience.com/better-heatmaps-and-correlation-matrix-plots-in-python-41445d 0f2bec. [Acedido em: 30-Fev-2020].

[77]   Aprendizagem desequilibrada. Subamostragem [Online].   Disponível: https://imbalanced-learn.readthedocs.io/en/stable/under_sampling.html. [Acedido em: 7-abril-2020].

[78]   GitHub. Tratamento Dados Desequilibrados [Online]. Disponível:
https://github.com/krishnaik06/Handle-Imbalanced-Dataset/blob/master/Handling%20Imbalance
d%20Data-%20Over%20Sampling.ipynb. [Acedido em: 17-Mar-2020].

[79]   Aprendizagem desequilibrada. SMOTE [Online]. Disponível: https://imbalanced-
learn.readthedocs.io/en/stable/generated/imblearn.over_sampling.SMOTE.ht ml. [Acedido em: 17-
Mar-2020].

[80]   H. He, Y. Bai, E. Garcia e S. Li, "ADASYN: Adaptive synthetic sampling approach for imbalanced
learning," *2008 IEEE International Joint Conference on Neural Networks (IEEE World Congress on
Computational Intelligence)*, Hong Kong, 2008, pp. 1322-1328.

[81]   Rumo à ciência dos dados. Utilização de técnicas de sobreamostragem para dados
extremamente desequilibrados [Online]. Disponível:
https://towardsdatascience.com/sampling-techniques-for-extremely-imbalanced-data-part-ii-over-
sampling-d61b43bc4879. [Acedido em: 20-Mar-2020].

[82]   K. Lo e A. Purvis, "Hybrid additive random sampling and its realization," *Actas do Simpósio
Internacional IEEE sobre Circuitos e Sistemas - ISCAS '94*, Londres, 1994, pp. 105-108.

[83]   Aprendizagem desequilibrada. SMOTETomek [Online]. Disponível: https://imbalanced-
learn.readthedocs.io/en/stable/generated/imblearn.combine.SMOTETomek.ht ml. [Acedido em: 25-
Mar-2020].

[84]   Aprendizagem desequilibrada. SMOTEENN [Online]. Disponível: https://imbalanced-
learn.readthedocs.io/en/stable/generated/imblearn.combine.SMOTEENN.html
. [Acedido em: 25-Mar-2020].

[85]   Scikit-learn. Bernoulli [Online]. Disponível: https://scikit-
learn.org/stable/modules/generated/sklearn.naive_bayes.BernoulliNB.html#sklearn.
naive_bayes.BernoulliNB. [Acedido em: 29-Mar-2020].

[86]   Scikit-learn. ComplementoNB [Online]. Disponível: https://scikit-
learn.org/stable/modules/generated/sklearn.naive_bayes.ComplementNB.html#skle
arn.naive_bayes.ComplementNB. [Acedido: 29-Mar-2020].

[87]   Scikit-learn. GaussianNB   [Online]. Disponível: https://scikit-
learn.org/stable/modules/generated/sklearn.naive_bayes.GaussianNB.html#sklearn.
naive_bayes.GaussianNB. [Acedido: 29-Mar-2020].

[88]   Scikit-learn.   MLPClassificador   [Online].   Disponível: https://scikit-
learn.org/stable/modules/generated/sklearn.neural_network.MLPClassifier.html#skle
arn.neural_network.MLPClassifier [Acedido: 29-Mar-2020].

[89]   Scikit-learn.   LogisticRegression   [Online].   Disponível: https://scikit-
learn.org/stable/modules/generated/sklearn.linear_model.LogisticRegression.html?h

ighlight=logistic%20regression#sklearn.linear_model.LogisticRegression [Acedido: 27-Mar-2020].

[90]   Scikit-learn. SVC [Online]. Disponível: https://scikit-learn.org/stable/modules/generated/sklearn.svm.SVC.html#sklearn.svm.SVC [Acedido em: 1-abril-2020].

[91]   Scikit-learn. RBF SVM   parâmetros [Online].   Disponível: https://scikit-learn.org/stable/auto_examples/svm/plot_rbf_parameters.html [Acedido em: 1-abril-2020].

[92]   Scikit-learn. Conjunto   Classificador   de   votação   [Online].   Disponível: https://scikit-learn.org/stable/modules/generated/sklearn.ensemble.VotingClassifier.html#sklearn.ensemble.VotingClassifier [Acedido em: 2-abril-2020]

[93]   H. Wang, e H. Zheng, "Model Validation,' *Machine Learning. In: Dubitzky W., Wolkenhauer O., Cho KH., Yokota H. (eds) Encyclopedia of Systems Biology*. 2013, Springer, Nova Iorque, NY,

[94]   Geeks para Geeks. Underfitting and Overfitting in Machine Learning [Online]. Disponível: https://www.geeksforgeeks.org/underfitting-and-overfitting-in-machine-learning/ [Acedido em: 10-abril-2020].

Printed by Books on Demand GmbH, Norderstedt / Germany